Augustus Ehiremen Ibhaze

Planeamento da rede de radiofrequência com implantação de microcélulas

Augustus Ehiremen Ibhaze

Planeamento da rede de radiofrequência com implantação de microcélulas

ScienciaScripts

Imprint

Any brand names and product names mentioned in this book are subject to trademark, brand or patent protection and are trademarks or registered trademarks of their respective holders. The use of brand names, product names, common names, trade names, product descriptions etc. even without a particular marking in this work is in no way to be construed to mean that such names may be regarded as unrestricted in respect of trademark and brand protection legislation and could thus be used by anyone.

Cover image: www.ingimage.com

This book is a translation from the original published under ISBN 978-613-9-93045-6.

Publisher:
Sciencia Scripts
is a trademark of
Dodo Books Indian Ocean Ltd. and OmniScriptum S.R.L publishing group

120 High Road, East Finchley, London, N2 9ED, United Kingdom
Str. Armeneasca 28/1, office 1, Chisinau MD-2012, Republic of Moldova, Europe
Printed at: see last page
ISBN: 978-620-5-70301-4

Prefácio

Este livro intitulado "Radio Frequency Network Planning with Microcell Deployment" foi escrito principalmente como um documento de apoio para académicos, investigadores, e profissionais da indústria e como tal deve servir como material de referência para compromissos de comunicação móvel. O campo da comunicação por radiofrequência tem atraído muito investimento em investigação e integração tecnológica durante bastante tempo com serviços gratificantes evidentes na via de interacção. Este texto fornece a informação necessária para iniciar a carreira nas telecomunicações, bem como para iniciar a formação prática a nível de licenciatura e pós-graduação. A utilização do espectro de radiofrequências para a comunicação sem fios tornou-se um pilar fundamental da comunicação global, apesar do congestionamento e exaustão do espectro. Isto tornou primordial para os engenheiros de planeamento e optimização de redes de radiofrequências a procura de meios para alargar e também reutilizar o escasso espectro disponível que definitivamente incomoda na gestão do espectro. Este livro fornece à indústria e à investigação académica detalhes para o planeamento de radiofrequências com a implantação de microcélulas (pequenas células). Detalha a informação de base dos sistemas celulares com base em classificações hierárquicas ao mesmo tempo que fornece cenários práticos para o planeamento de redes, optimização e implantação de microcélulas para cobertura e melhoria da capacidade. O autor expressa os seus agradecimentos sem reservas a todos os que contribuíram para o desenvolvimento deste livro. Muito obrigado à minha esposa Aisha Ibhaze e ao nosso filho Harel Ibhaze pelo seu amor e apoio; a Vincent Ibhaze que tem sido a figura paterna em todo o meu percurso profissional; ao Prof. V.O.A Akpaida que estimulou o meu interesse de pesquisa desde o início; ao Prof. S. O Ajose, o mentor académico nº 1 da minha lista que me achou a via de pesquisa; ao Prof. E Idachaba pelo seu mentor; ao Prof. AAA Atayero que me inspirou a confiança académica e o acto de manter a excelência; ao Prof. S. N John e Prof. C. U Ndujiuba pelas suas várias contribuições; aos colegas e estudantes pelos seus valiosos comentários, recomendações e dúvidas; e finalmente a todos os que terão este livro como um texto de referência.

Tabela de Conteúdos

CAPÍTULO 1

1. Introdução e Motivação
1.1 Noções básicas sobre microcélulas
O conceito de microcélula e o seu impacto na comunicação celular tem sido amplamente compreendido desde há bastante tempo. A implantação da microcélula é motivada por um desejo de aumentar a capacidade e a cobertura das redes celulares de modo a que um grande número de assinantes possa aceder à rede. Esta ideia é interpretativa do planeamento de redes de radiofrequência, que é o planeamento sistemático e a concepção de sítios de células, pela razão fundamental de se obter uma qualidade de serviço definida, ao mesmo tempo que se satisfaz a procura de tráfego em termos de cobertura e capacidade.

Satisfazer estes assinantes (capacidade) com o espectro de rádio limitado exige que a mesma frequência seja reutilizada noutras células (microcélulas) para servir outras regiões geográficas mais pequenas, de modo a expandir a capacidade, bem como melhorar a cobertura. Deve ter-se o cuidado de assegurar que a utilização do mesmo conjunto de frequências para servir outras regiões geográficas não introduza interferências entre os utilizadores [1]. Seguindo esta tendência enormemente positiva na comunicação celular, há um interesse crescente em como implementar a infra-estrutura de rede do sistema para alcançar a máxima capacidade, cobertura e flexibilidade da forma mais eficiente em termos de custos.

Em microcélulas, as antenas da estação base situam-se tipicamente a cerca de 4 a 10 metros acima do nível do solo e a cobertura é tipicamente superior a algumas centenas de metros, sendo depois determinada pela localização específica e características eléctricas dos edifícios circundantes com forma celular correspondente à topologia geográfica.

A baixa elevação da antena permite restringir o tamanho da célula e as interferências radioeléctricas utilizando os efeitos de blindagem dos edifícios circundantes [2]. Isto permite a utilização de estações de base de baixa potência, resultando em grandes aumentos de capacidade disponibilizados devido à utilização de sistemas de microcélulas.

1.2 Motivação
O motivo por detrás deste trabalho de investigação engloba a necessidade crescente de maior capacidade do sistema e melhor cobertura das redes de comunicação sem fios nas zonas rurais, urbanas e urbanas densas. Com as recentes tendências na evolução das comunicações sem fios, a ideia subjacente à integração de diversos

tecnologias que vão desde a tecnologia de segunda geração até à terceira geração, a Evolução a Longo Prazo e a actual tecnologia de quinta geração exigem uma abordagem integradora de planeamento de rede.

Este artigo modela o planeamento de redes de radiofrequência, modelando a implantação de pequenas células (microcélulas) utilizando o terreno nigeriano como estudo de caso. Os sítios de macrocélulas são planeados na região urbana e urbana densa no mapa digital nigeriano e testados quanto ao seu desempenho. Os sítios de microcélulas são então planeados, implementados e testados para um melhor desempenho e maior capacidade do sistema.

1.3 Resumo do Livro

Este livro está organizado em seis capítulos. O primeiro capítulo apresenta e dá a informação de fundo sobre o assunto. Também descreve a motivação para o trabalho. O capítulo dois descreve a célula Sítio e Estrutura do Canal. O capítulo três centra-se no Planeamento de Sítios de Células e Questões de Capacidade. A capacidade do sistema para a rede de macrocélulas existente é avaliada. O capítulo quatro aborda as Técnicas de Teste e Optimização de Unidades. O capítulo cinco discute a modelização de macrocélulas e de microcélulas. O capítulo seis centra-se na avaliação e análise de sítios de células de radiofrequência e conclui o relatório.

CAPÍTULO 2

2. Sítio da célula e estrutura do canal
2.1 Estrutura celular hierárquica

Devido ao rápido crescimento da procura do sistema de comunicação celular por parte dos assinantes e devido ao facto de a largura de banda existente reservada para a rede celular ser limitada, são necessárias técnicas para melhorar a eficiência do espectro radioeléctrico a fim de alcançar uma maior capacidade do sistema e uma melhor cobertura.

A estrutura hierárquica da célula é agrupada em camadas, de tal forma que os utilizadores móveis com diferentes requisitos de mobilidade e serviço são atribuídos a diferentes camadas enquanto encaminham o tráfego através dos canais sem fios configurados.

2.1.1 Macrocell

Macrocell é equivalente à área de cobertura de um Transceptor de Estação Base (BTS). O BTS compreende a construção de uma torre com uma altura de 36 m, tanque diesel principalmente 5000 litros, geradores principalmente dois (15KVA, 18KVA ou 40 KVA), armários BTS principalmente 900 bandas e 1800 bandas, abrigo com ou sem ar condicionado (2), vedação, pavimentação do solo e cablagem, rectificadores (Emerson) com baterias de reserva, suporte de rádio de microondas, equipamento de rádio de microondas como truepoint, megast, entre outros.

Assim, as Macrocélulas são utilizadas para cobrir áreas maiores. A Macrocell é composta por três sectores onde cada sector tem dois ou mais Transceptores (TRX), perfazendo um total de seis ou mais Transceptores (TRXs) em cada Macrocell. As figuras 2.1 (a) e (b) ilustram o sistema existente de estações base de Macrocélulas. Fig. 2.1(c) é um sistema hipotético de macrocélulas utilizado para fins de experimentação em ferramentas de planeamento de comunicações móveis.

(a) Estação base Macrocell (b) Estação base Macrocell mostrando antenas sectorizadas

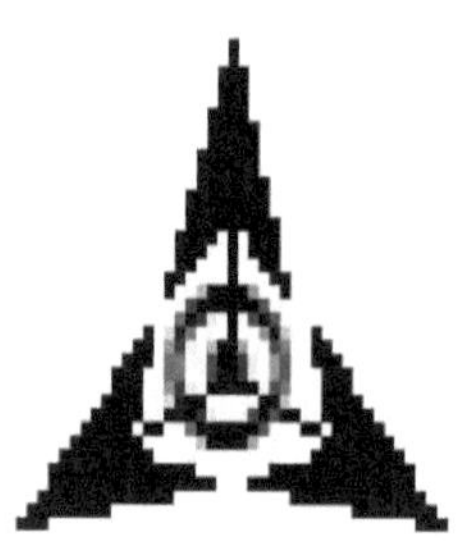

(c) Sistema experimental Macrocell

Fig. 2.1 Sistema de estação base GSM (macrocélula)

2.1.2 Microcélula

A microcélula é normalmente uma pequena área coberta por uma antena distribuída. Cada microcélula só pode utilizar dois Transceptores (TRXs). A Microcell utiliza antenas de transmissão de baixa potência que têm uma elevada potência penetrante, tornando-a adequada tanto para cobertura interior como exterior. As microcélulas são mais adequadas para melhorar a capacidade do sistema em região altamente povoada, devido à facilidade de implantação e ao custo de implementação. Fig. 2.2(a) mostra uma amostra de uma antena distribuída utilizada no sistema de microcélulas enquanto que a Fig.2.2(b) é um sistema hipotético de microcélulas utilizado para fins de experimentação em ferramentas de planeamento GSM.

(a) Antena distribuída por microcélulas   (b) Sistema experimental de microcélulas

Fig. 2.2 Sistema de microcélulas

2.2 Cobertura e Capacidade

A cobertura e capacidade do sistema de comunicação sem fios pode ser aumentada através da utilização de sistemas microcelulares com estações base de transmissão de baixa potência. É de notar que as células estão organizadas em camadas distintas de acordo com as suas dimensões. Normalmente, são suportadas três camadas de células que são a camada inferior composta pelas microcélulas, picocélulas e femtocélulas, a camada intermédia; popularmente referidas como as macrocélulas e a camada superior.

Picocells e femtocells são basicamente utilizadas para aplicações interiores onde a maioria das estações móveis são estacionárias. As picocélulas têm raios inferiores a 50 metros porque a potência de transmissão das picocélulas é muito menor do que a das microcélulas [3].

As microcélulas servem tanto para aplicações interiores como exteriores com células de tamanho inferior a 1 Kilómetro e normalmente caracterizadas por antenas de baixa elevação com potência de radiação inferior a 20 milliwatts [4]. As antenas de microcélulas são geralmente mais pequenas do que as antenas de macrocélulas e, quando montadas em estruturas existentes, misturam-se frequentemente com características de construção para minimizar o impacto visual. As microcélulas fornecem cobertura de rádio através de distâncias menores e são colocadas a 300m a 1000m de distância [5]. As alturas das antenas de microcélulas são geralmente mais baixas do que as dos edifícios circundantes. A implicação da altura reduzida da antena é que a área de cobertura das microcélulas é determinada pela disposição dos edifícios circundantes. Portanto, é mais lógico pensar em microcélulas em termos de separação do local do que no tradicional padrão de cobertura hexagonal ou circular. As microcélulas são utilizadas em áreas com elevada densidade de tráfego, tais como áreas urbanas. Uma característica da antena transmissora de baixa potência e da altura reduzida da antena é que a Estação Móvel (EM) também transmite baixa potência, o que leva a uma maior duração da bateria [6]. Devido à boa qualidade

7

de cobertura na proximidade do transmissor e devido ao efeito de blindagem dos edifícios que garantem um bom controlo de interferências e uma boa reutilização de frequências, as microcélulas são uma boa solução para "pontos quentes" onde os picos de tráfego são elevados e limitados a áreas pequenas [2].

As macrocélulas são caracterizadas por antenas altas tendo geralmente alturas acima dos edifícios circundantes para obter uma boa cobertura de área. As macrocélulas são utilizadas para cobrir áreas maiores com baixas densidades de tráfego. Uma vez que o tráfego suburbano não é tão intenso como o tráfego urbano, as áreas suburbanas são normalmente configuradas em macrocélulas, e não como microcélulas cuja capacidade não seria utilizada adequadamente nas áreas suburbanas [7]. Tipicamente, os tamanhos das macrocélulas variam entre 1 Kilómetro a dezenas de Kilómetros. As antenas estão localizadas em locais onde haverá o menor bloqueio de sinal [8].

As Estações Móveis são distribuídas entre estas camadas com base na sua velocidade, de modo a assegurar que as camadas inferiores servem Estações Móveis de movimento lento ou estacionárias no interior ou no exterior, enquanto a camada intermédia serve Estações Móveis de velocidade média no exterior e a camada superior serve Estações Móveis de movimento rápido no exterior. Portanto, cada camada celular tem uma velocidade limite pré-definida que lhe é atribuída, de modo a permitir aos operadores regular a velocidade de entrada para cada camada celular e, consequentemente, a distribuição dos Terminais Móveis na rede.

Ao encorajar a utilização de Microcélulas para estações móveis de movimento mais lento, a rede GSM será capaz de proporcionar um ganho de capacidade significativo, uma vez que o menor tamanho da célula, associado a menores potências de transmissão, permite um padrão de reutilização de frequência muito mais apertado, resultando num ganho de capacidade significativo [3].

2.3 Capacidade no Sistema Celular

Existem basicamente dois tipos de medidas de Capacidade nos sistemas de comunicação celular, nomeadamente

- Capacidade do Sector
- Capacidade do sistema

A capacidade do sector é o número de Erlangs por sector que um sistema pode transportar, dada uma certa quantidade de espectro [9].

Capacidade do Sector = [Erlang/ (MHz*sector)]

Note-se que One *Erlang* é uma medida de um canal de tráfego permanentemente utilizado. Ou seja, uma chamada com a duração de uma hora [10]. O "Erlangs" descreve a interacção dos assinantes com a rede GSM, sendo que mede a duração do tempo em que o assinante se envolve numa conversa telefónica.

A capacidade do sistema é o número de Erlangs por quilómetro quadrado (área) que um sistema pode transportar, dada uma certa quantidade de espectro [9].

Capacidade do sistema = [Erlang/ (MHz*Km^2)]

É digno de nota saber que uma capacidade muito elevada do sistema é obtida quando os tamanhos das células são pequenos (distâncias curtas entre locais), uma vez que a capacidade do sistema celular é inversamente proporcional à área da célula em quilómetros quadrados [4].

A capacidade do sistema baseia-se em três elementos limitantes: capacidade de rádio, capacidade de ligação de controlo e capacidade de comutação. Enquanto a capacidade de rádio mede a capacidade da cobertura de radiofrequência, a capacidade da ligação de controlo mede a capacidade da ligação de controlo rápido entre o local da célula e o comutador. A capacidade de comutação mede a capacidade do tráfego no posto de comutação [11]. Na concepção do sistema microcelular, a carga de comutação e a carga da ligação de controlo são reduzidas para metade, melhorando assim a capacidade global do sistema.

Uma vez que o grupo de microcélulas mantém uma área de cobertura particular, a interferência do co-canal é reduzida. A interferência do co-canal pode ser reduzida através da utilização da inclinação do feixe da antena para que um canal de rádio que esteja ocupado numa microzona possa ser utilizado em microzonas adjacentes. A elevada eficiência obtida através da reutilização de canais aumenta a capacidade do sistema [12] [13]. Outra forma de reduzir a interferência de co-canal é manter a separação entre duas células de co-canal a uma distância suficiente [14]. Mais ainda, quando se empregam macrocélulas sectoriais, as antenas sectoriais direccionais terão frequentemente um maior ganho do que as antenas da estação base das microcélulas, que podem ser omnidireccionais. Isto significa que os telemóveis nas macrocélulas transmitirão a uma potência inferior para uma dada estação móvel - separação da estação base do que os telemóveis nas microcélulas. Isto reduz ainda mais a interferência na estação de base de microcélulas [15].

Quadro 2.1: Banda de Frequência GSM

STANDARD	FREQUENCY BAND (Uplink/Downlink)
GSM 900	890 – 915/935 – 960 MHz
GSM 1800	1710 – 1785/1805 – 1880 MHz
GSM 1900	1850 – 1910/1930 – 1990 MHz

2.4 Regulação da frequência do operador

O A regulação da frequência do perator é geralmente tratada por organismos reguladores da frequência, desde autoridades globais a autoridades regionais ou nacionais. Na Nigéria, o organismo responsável pela atribuição de frequências do operador é a Comissão Nigeriana de Comunicações (NCC). A banda GSM, por exemplo, pode acomodar apenas cinco empresas operadoras com base na regulamentação que decorre directamente do seu planeamento de frequências. As bandas GSM de 900MHz e 1800MHz são planeadas e atribuídas aos operadores pela NCC através do seguinte plano.

N CC Planeamento de 900MHz:

9 00MHz gama = 890 - 960

Uplink: 890 - 915 = 25MHz

Downlink: 935 - 960 = 25MHz

25MHz pode suportar 5 operadores.

Para isso;

$$\frac{25MHz}{5} = 5\text{MHz para cada operador}$$

Desde a separação da portadora GSM = 200kHz,

$$\frac{5MHz}{200kHz} = \frac{5000kHz}{200kHz} = 25 \ (200\text{kHz}) \text{ por operador } (200\text{kHz} = 8 \text{ Timeslots})$$

25 (200kHz) /operador ascenderá a

25 (200kHz) x 5 operadores = 125 (0 - 124 Portadoras para a banda de 900MHz)

N.º total de Canais em 900MHz torna-se;

124 portadoras x 8 vezes lotes = 992 Canais

Na prática, ARFCN varia entre 0 -124 para 900MHz e 512 - 885 para 1800MHz (374 Portadoras) *Para o planeamento e atribuição de frequências, ARFCN (Automatic Radio Frequency Control Number) é utilizado para representar a frequência atribuída em correlação com as Portadoras.*

2.5 Configuração de Canais

Uma vez que a separação da portadora é de 200 KHz, isto fornece 124 portadoras na banda GSM 900, 374 portadoras na banda GSM 1800 e 299 portadoras na banda GSM 1900 [16]. Uma vez que cada portadora (Transceiver) é partilhada por oito estações móveis, os números totais de canais em cada banda GSM são:

- 124 x 8 = 992 canais na banda GSM 900
- 374 x 8 = 2992 canais na banda GSM 1800
- 299 x 8 = 2392 canais na banda GSM 1900

Existem dois canais básicos na interface aérea de um sistema celular que são: canal físico e canal lógico

2.5.1 Canal Físico

O canal físico define todas as faixas horárias da Estação Transceptora de Base (BTS). Cada um dos canais, ou seja, um intervalo de tempo numa moldura de Acesso Múltiplo por Divisão de Tempo (TDMA) é chamado de Canal Físico [16]. O canal físico é de dois tipos, nomeadamente;

- Canal FR de tarifa completa
- Canal de meia taxa

O canal FR de taxa completa é um canal de voz ou de dados com 13kbps codificados com taxa de dados de 2,4 kbps, 4,8kbps ou 9,6kbps

O canal HR de meia taxa é um canal de fala ou de dados codificado de 6,5kbps que suporta uma taxa de dados de 2,4kbps, 4,8kbps e 7kbps.

2.5.2 Canal Lógico

O canal lógico define o tipo específico de informação transportada pelo canal físico. O canal lógico é utilizado para fins específicos, tais como paginação, configuração de chamadas e fala. O canal lógico é também de dois tipos, nomeadamente;

- Canal de Trânsito TCH
- Canal de Controlo CCH

O Canal de Tráfego é um canal de duas vias que transporta tráfego de voz e dados entre a Estação Móvel MS e a Estação Transceptora de Base BTS.

O Canal de Controlo está agrupado em três canais: Broadcast Channel BCH, Common Control Channel CCCH, Dedicated Control Channel DCCH

O Broadcast Channel BCH é um canal unidireccional para a transmissão de informação para a Estação Móvel (EM)

O Canal de Controlo Comum CCCH é também um canal unidireccional utilizado para o estabelecimento de chamadas.

T Canal de Controlo Dedicado DCCH é um canal de duas vias que é utilizado para sinalização e controlo.

2.5.3 Separação de canais

A separação de canais é a distância entre as frequências adjacentes na ligação ascendente ou descendente. A separação de canais é normalmente de 200KHz, independentemente do padrão escolhido na Tabela 2.1. A separação é necessária para reduzir as interferências de uma portadora para outra frequência vizinha [17].

2.5.4 Distância duplex

A distância duplex é a distância entre as frequências de ligação ascendente e descendente. A distância duplex é diferente para as diferentes bandas de frequência [17]. A tabela 2.2 apresenta as distâncias duplex para as diferentes normas GSM.

Tabela 2.2 Normas GSM mostrando a sua distância duplex

STANDARD	GSM 900	GSM 1800	GSM 1900
DUPLEX DISTANCE	45MHz	95MHz	80MHz

CAPÍTULO 3

3. Planeamento e Capacidade do Sítio da Célula
3.1   Planeamento de sítios de células de radiofrequência
O planeamento do sítio da célula começa com o cálculo da capacidade do sistema da rede, após o qual o sistema é analisado para determinar o impacto da procura dos assinantes na capacidade da rede. Isto ajudará a compreender o nível de degradação dos serviços, bem como a medida em que a capacidade e a cobertura do sistema serão optimizadas. O planeamento do sítio da célula começa, portanto, com;

* O cálculo da capacidade do sistema de cinco sítios Macrocell
* Recolha de dados através de testes de condução dos cinco sítios Macrocell
* Análise dos dados recolhidos nos testes de condução para nível de recepção de sinal, qualidade de recepção de sinal e índice de qualidade da fala
* Estatísticas de chamadas durante os testes de condução

3.2   Computação da capacidade do sistema
Considerando um conjunto de cinco sítios Macrocell mostrados na Fig. 3.1, cada sítio BTS tem três sectores mostrados na Fig. 3.2

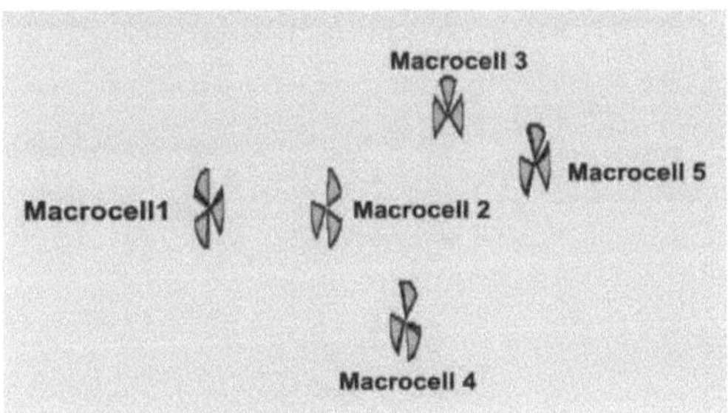

Fig. 3.1 Cinco sítios Macrocell

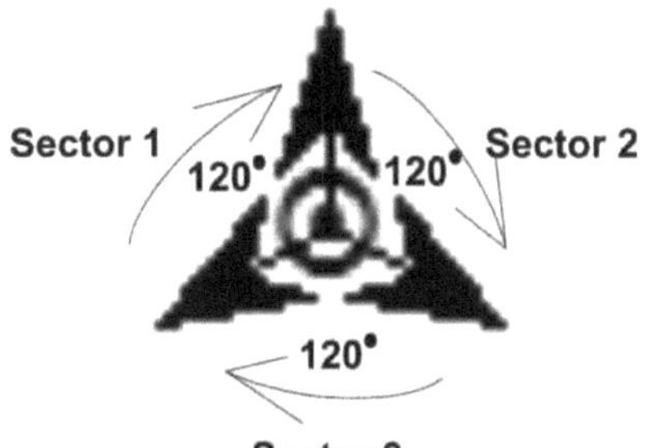

Fig. 3.2 Representação esquemática de um sítio de macrocélulas

Cada sector tem dois transceptores (TRX) também conhecidos como portadores que são utilizados tanto para a transmissão como para a recepção do sinal de radiofrequência cobrindo 120° . Uma vez que cada sector cobre

120° espaço, os três sectores cobrem portanto 360° espaço, como mostra a Fig. 3.2. Os três sectores em conjunto contêm seis transceptores.

Para calcular a capacidade do sistema de uma estação base, é de notar que a capacidade do sistema é uma função da quantidade de tráfego que pode transportar por quilómetro quadrado. Uma vez que as estações base não só transmitem e recebem sinais de tráfego, para obter uma melhor estimativa da capacidade do sistema, todas as outras funções da estação base, tais como a transmissão de sinais e o controlo do sinal, têm de ser excluídas antes do cálculo da capacidade do sistema.

Uma vez que a capacidade do sistema é o número de Erlangs por quilómetro quadrado, o que implica a soma do número total de Erlangs nos três sectores. Pode ver-se no Apêndice A que a quantidade de Erlangs é uma função do número total de canais de tráfego utilizados. Para cada canal utilizado, um canal é normalmente utilizado para transmitir informação à estação móvel normalmente conhecida como o Canal de Controlo de Transmissão (BCCH) e outro canal utilizado para controlo do sinal normalmente conhecido como Canal de Controlo Dedicado Autónomo (SDCCH), enquanto os restantes canais são utilizados para transmissão e recepção de voz e dados normalmente conhecido como Canal de Tráfego (TCH). Assim, o número total de Canais de Tráfego correspondente ao Grau de 2% de Serviço (GoS) na tabela Erlang B, tal como se mostra no Apêndice A, dá a capacidade do sistema por área coberta. É digno de nota saber que o número total de canais em cada sector é dado pelo produto do número de transceptores (transportadores) e os tempos em que cada transceptor (TRX) tem oito (8) tempos na rede GSM.

Daí,

O número de Canais no Sector1 (NCS1) é dado por

NCS1 = Número de TRX no Sector1 x Número de Timeslot

NCS1 = 2 x 8

NCS1 = 16 canais

Isto significa que existem 16 canais no sector 1. Os 16 canais consistem nos Canais de Trânsito (TCH), Canal de Controlo de Difusão (BCCH) e Canal de Controlo Dedicado Independente (SDCCH).

Para calcular o número total de Canais de Trânsito utilizados no sector1 (NTCHS1),

NTCHS1 = NCS1 - BCCH - SDCCH

NTCHS1 = 16 - 1 - 1

NTCHS1 = 16 - 2

NTCHS1 = 14 Canais de trânsito no sector1

Da mesma forma, para o Sector2 e Sector3, NTCHS2 = 14 Canais de tráfego no sector2 e NTCHS3 =14 Canais de tráfego no sector3.

Portanto, o número total de canais de tráfego no BTS (NTCHBTS) torna-se

NTCHBTS = NTCHS1 + NTCHS2 + NTCHS3

NTCHBTS = 14 + 14 + 14

NTCHBTS =42 Canais de Trânsito

Do Apêndice A, 42 Canais de Trânsito correspondem a 32,84 Erlangs usando os 2% GoS sendo o padrão recomendado para o sistema GSM na Nigéria.

Portanto, cada estação base Macrocell tem uma capacidade do sistema de 32,84 Erlangs/km^2 como mostra a Tabela 3.1. A proporção percentual (% Distribuição) da capacidade acumulada do sistema é também mostrada no Quadro 3.1. A proporção percentual mostra a proporção da contribuição da capacidade do sistema por cada sistema de estação de base (macrocélula).

Quadro 3.1 Efeito do sítio Macrocell na capacidade do sistema

Macrocell site	Erlangs/Km^2	Cumulative Erlangs/Km^2	% Distribution	% cumulative Distribution
Macrocell1	32.84	32.84	6.67	6.67
Macrocell2	32.84	65.68	13.33	20.00
Macrocell3	32.84	98.52	20.00	40.00
Macrocell4	32.84	131.36	26.67	66.67
Macrocell5	32.84	164.20	33.33	100.00

Uma vez que o tráfego médio por assinante é de 25mErlangs, para calcular o número de assinantes que podem utilizar a estação base (NSBTS) num dado momento,

$$NSBTS = \frac{Offered\ traffic\ in\ mErlangs}{Average\ traffic\ in\ mErlangs}$$

Mas o tráfego oferecido é de 32.84Erlangs/Km^2 = 32840mErlangs/Km^2

E o tráfego médio é de 25mErlang/Km^2

Por conseguinte,

$$NSBTS = \frac{32840}{25}$$

NSBTS = 1313,6 assinantes ~ 1314 assinantes

Por conseguinte, o número total de assinantes que podem ser suportados por cada estação base em consideração num dado momento é de 1314 assinantes, como se pode ver no Quadro 3.2

Quadro 3.2 Efeito do site Macrocell no número de subscritores

Macrocell site	Subscriber/Km^2	Cumulative Subscriber/Km^2	%Distribution	% Cumulative Distribution
Macrocell1	1314	1314	6.67	6.67
Macrocell2	1314	2628	13.33	20.00
Macrocell3	1314	3942	20.00	40.00
Macrocell4	1314	5256	26.67	66.67
Macrocell5	1314	6570	33.33	100.00

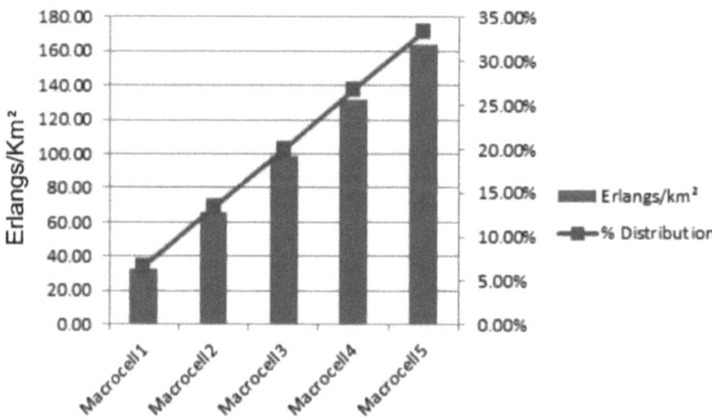

Fig. 3.3 Capacidade do sistema dos cinco sítios Macrocell existentes em teste

Fig. 3.3 dá a capacidade acumulada do sistema em Erlangs/Km^2 assim como a proporção percentual da capacidade do sistema. Fig. 3.3 descreve o crescimento da capacidade da rede Macrocell existente em estudo.

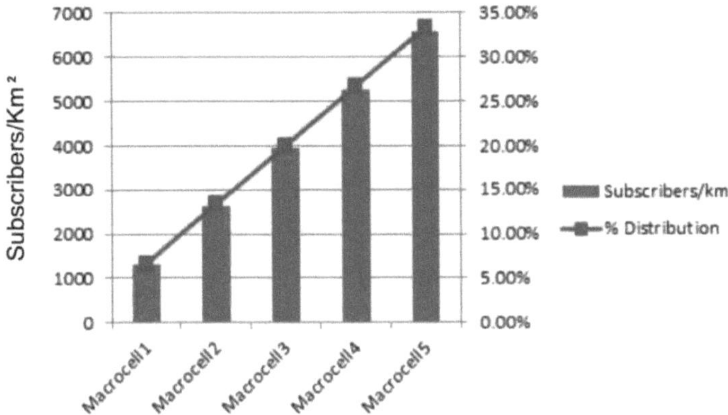

Fig. 3.4 Proporção de subscritores para os cinco sítios Macrocell existentes em teste

Fig. 3.4 dá a capacidade acumulada do sistema em termos de capacidade de carga de subscritores em Assinantes/Km^2 assim como a proporção percentual da capacidade de carga de subscritores. Fig. 3.4 descreve o crescimento da capacidade da rede Macrocell existente em termos de capacidade de carga de assinantes. Da Tabela 3.1, Tabela 3.2, Fig. 3.3 e Fig. 3.4, a capacidade total dos cinco sítios Macrocell é de 162.2 Erlangs/km^2 com um total de 6570 subscritores/Km^2 cumulativamente.

No caso da capacidade da BTS ser excedida, a taxa de congestionamento aumentará, o que poderá consequentemente aumentar a taxa de falha de chamadas, queda de chamadas, taxa de erro de bit elevada (RIC), entre outros. E isto só pode acontecer em áreas "hot spot", ou seja, locais com alta densidade de tráfego. Uma vez que as regiões urbanas e urbanas densas também têm mais estruturas (edifício), a sugestão será implementar microcélulas que serão adequadas tanto para cobertura exterior como interior, desde as antenas Macrocell
têm baixo poder de penetração e mais sítios Macrocell serão difíceis de implementar devido à indisponibilidade de sítios, e desperdícios de terra

CAPÍTULO 4

2. Teste e Optimização da Transmissão

2.3 Teste de condução

Os testes de condução são sobre a principal forma de analisar o desempenho da rede através da avaliação da cobertura, disponibilidade do sistema, capacidade de retenção da rede, capacidade da rede e até mesmo qualidade das chamadas, uma vez que fornecem uma melhor perspectiva ao prestador de serviços sobre o que está a acontecer aos assinantes. As ferramentas básicas de configuração são: TEMS Investigationt Tool, TEMS Test Mobile K790, Laptop, GPS Garmin, Power Inverter, MapInfo Professional Software para análise O teste de Drive é basicamente a recolha de dados com o telefone TEst Mobile System (TEMS) com o único objectivo de analisar e avaliar os dados recolhidos após o teste.

O procedimento para os testes de condução é o seguinte; o software TEMS Investigation e o software MapInfo Professional estão instalados num computador portátil. Para que o software TEMS Investigation funcione correctamente, sendo que se trata de um software protegido, é inserido um dispositivo de segurança chamado "dongle" através da porta Universal Serial Bus (USB) do portátil, de modo a permitir a execução do software. O telefone TEMS e os dispositivos do Sistema de Posicionamento Global (GPS) são ligados ao portátil. Enquanto o telefone TEMS é utilizado para fazer chamadas de modo a recolher os dados necessários para análise, o dispositivo GPS fornece o caminho de navegação para as estações base a serem testadas. É também necessário um veículo que seja utilizado para a mobilidade, uma vez que os dispositivos interligados são colocados no veículo e alimentados por um inversor. Uma vez feita uma chamada, com o veículo a conduzir ao longo dos locais da estação de base, os dados relativos às estações de base são recolhidos e registados como "ficheiros de registo" pelo software de investigação TEMS, enquanto o software MapInfo ajuda a analisar o percurso conduzido de uma forma diagramática.

Na prática, os testes de condução são necessários para investigar buracos na rede que poderiam ser remediados posteriormente. Pode dizer-se que a técnica de optimização começa com o procedimento de teste de condução que fornece as métricas de desempenho da rede de comunicação em tempo real. Alguns conceitos-chave necessários para a optimização são:

1. Se num local congestionado onde a cobertura interior é fraca mas a cobertura exterior é boa, então o ângulo de inclinação mecânica da antena sectorizada pode ser ajustado em vez do anjo de inclinação eléctrico.

2. Se o BCCH é bom de dizer no sector 1 na direcção do sector 3 do mesmo sítio, então significa que os sectores são trocados.

3. Se a entrega existir, digamos no sector 1 do sector 3, ou seja, se ambos estiverem no lóbulo principal de um, então significa que existe uma troca mútua de apenas DX1 ou DX2 dos sectores 1 e 3.

4. Se existirem fissuras de voz e má qualidade num sector, então verifique se existem interferências.

5. Se não conseguir uma boa cobertura esperada na área de serviço embora não haja obstrução à frente

da antena, então verifique se essa antena está montada correctamente e se não deve haver muita inclinação na antena.

6. Se outras coisas estiverem bem e ainda não houver uma boa cobertura e queda de chamadas num determinado sector, então verifique se os jumpers estão devidamente aparafusados no topo das CDU's em RBS.

7. Mais uma possibilidade de não obter cobertura de um determinado sector em frente da antena é devido ao problema no hardware, quer na TRU, quer na antena.

8. Se num sector não houver interferência e existir uma qualidade degradante e fissuras de voz, com FER com valores elevados tendendo a chamar gotas perto do local, então existe a possibilidade de TRU ser defeituosa.

9. Se num local estiver a receber sinal de um sector distante, mesmo que o sector esteja a ter uma inclinação máxima para baixo, então verifique se está a servir em alguma massa de água, a água ajuda a enviar o sinal para distâncias mais longas devido à reflexão.

10. Tente sempre que esse sector não deve servir directamente sobre um grande corpo de água.

11. Se o TCH e o SD caírem no sector, enrosque-o.

12. Se houver uma situação em que esteja a receber falhas contínuas de entrega, digamos que os sectores 1A a 5B, então verifique 3B não deve ter o mesmo BSIC & BCCH que 5B, onde 3B é também um vizinho de 1A.

13. Se obtiver má qualidade e interferência no salto, verificar se existe um choque do mesmo MAIO do mesmo grupo de sectores.

14. Se um novo sítio não for entregue a outros sítios, verificar se as transferências são definidas correctamente e os MBCCH NO. são definidos na lista de vizinhos da célula.

15. Se o ponto 14 estiver ok e ainda não estiverem a acontecer transferências, então verifique se os valores correctos do NCCPERM estão definidos ou não.

16. Como um bom engenheiro RF tenta sempre optimizar a rede existente para resolver os problemas, em vez de sugerir a instalação de um novo sítio ou a alteração da frequência para reduzir as interferências, mantenha sempre estas como últimas opções.

17. a causa da queda da chamada poderia ser um buraco de penetração que poderia ser evitado através de repetidores

18. o caso de queda de chamadas pode ser lista de vizinhos ausentes na lista

19. problema de hardware pode ser também a causa da queda de chamadas.

20. O baixo nível de rx também pode causar queda de chamadas.

2.4 Análise de teste de condução

A figura 4.1 mostra os cinco sítios Macrocell (macrocélula) ao longo da estrada de Ikorodu em estudo. Para gerar estes sítios, o ficheiro chamado "cellfile" é carregado na ferramenta de investigação do TEst Mobile

System (TEMS). O ficheiro de célula contém o nome do sítio Macrocell, o número de controlo automático de radiofrequência (AFRCN), o código de identificação da estação base (BSIC), a longitude do sítio, a latitude do sítio, o código de país móvel (MCC), o código de rede móvel (MNC), o código de área local (LAC), o critério de identificação (CI), a direcção da antena e a largura do feixe da antena que ajudará a alinhar cada estação base na sua posição correcta no mapa nigeriano na ferramenta de investigação TEMS, como pode ser visto na Fig.3.5. Depois de carregado o ficheiro de célula, o ficheiro de registo que contém os dados recolhidos durante os testes da unidade é então exportado para o software TEMS.

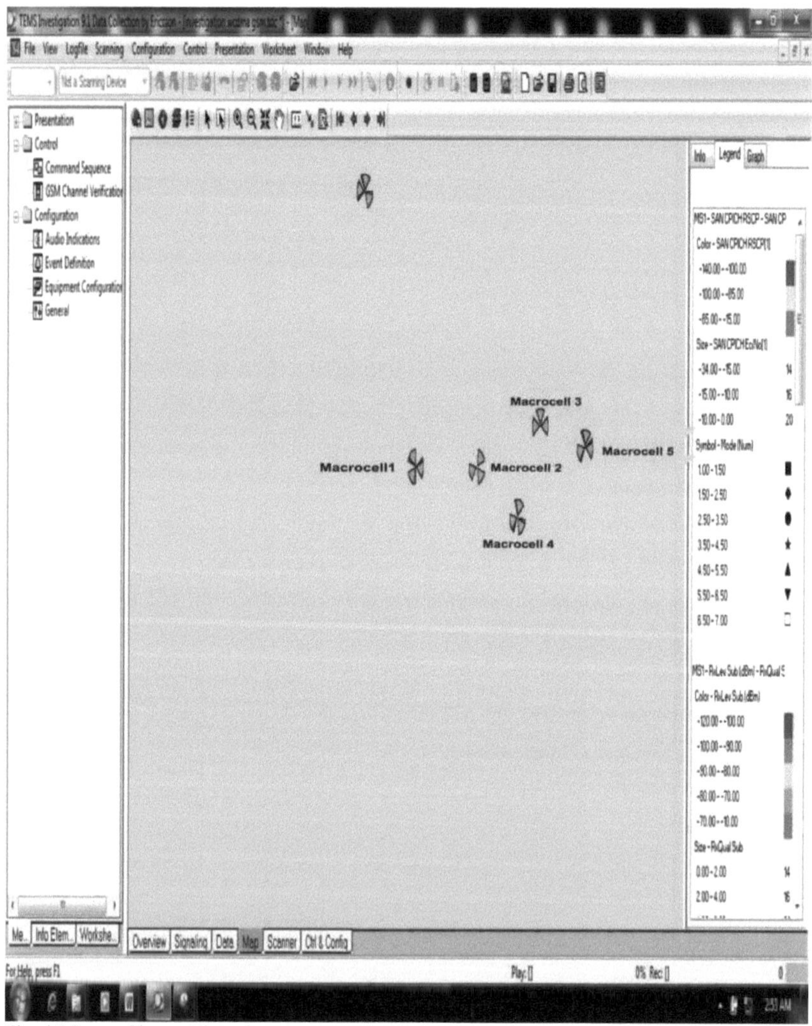

Fig. 4.1 Lagos Cluster Distrution mostrando locais BTS antes do teste de condução

A figura 4.2 mostra o caminho percorrido após a realização do teste de condução. A legenda da trajectória conduzida é exibida em conformidade. Isto ajuda a analisar o nível de desempenho dos sítios de macrocélulas existentes em estudo.

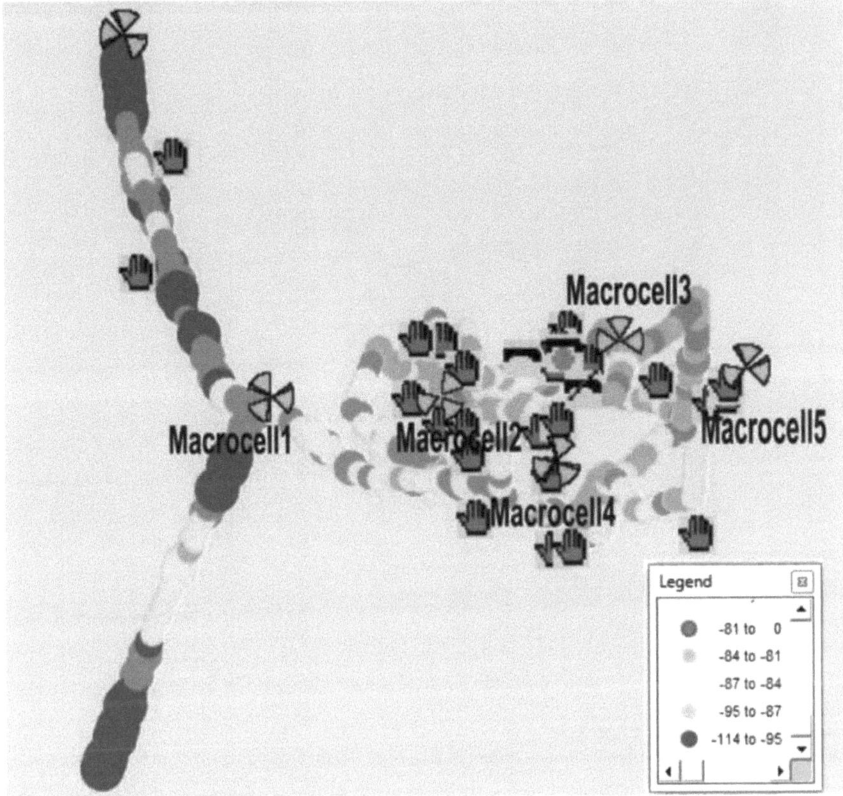

Fig. 4.2 Distribuição do Cluster de Lagos mostrando o percurso de condução e BTS após o teste de condução

A figura 4.3 mostra o percurso de condução após a realização do teste de condução, incluindo a estação base de serviço. As linhas celulares a azul mostram a estação base que serviu a estação móvel durante o teste de condução, uma vez que esta segue desde a estação base até ao trajecto conduzido. Isto ajuda a saber de que estação base (macrocélula) os dados foram recolhidos durante o teste de condução.

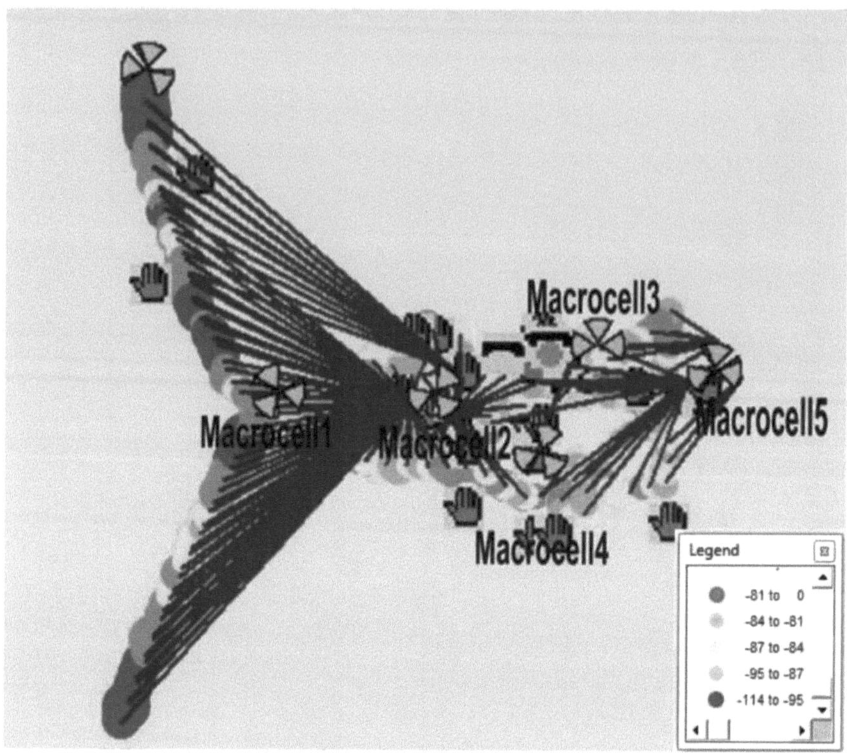

Fig. 4.3 Distribuição do Cluster de Lagos mostrando o caminho percorrido e o BTS Serving após o teste de condução

2.5 Análise do Nível de Sinal de Recepção

O melhor Nível de Recepção de Sinal situa-se normalmente entre 0dBm a cerca de -81dBm. À medida que a força do sinal diminui, a qualidade das chamadas degrada-se ao ser afectada por interferências e/ou desvanecimentos. Assim, o sistema torna-se mais fraco para lidar com a interferência [18]. A tabela 4.1 apresenta os parâmetros do nível de recepção de sinal do aglomerado de Lagos após a realização dos testes de condução. Dos parâmetros, verifica-se que apenas 28,26% do total do nível de sinal recebido tem uma boa cobertura, 71,74% tem uma má cobertura. Fig. 3.8 dá o mapeamento com a legenda que mostra a força do sinal recebido do caminho percorrido. O software MapInfo ajuda a mapear a contagem do nível de sinal recebido obtido do software TEMS durante os testes de condução. O caminho verde mostra a proporção do melhor nível de sinal recebido, enquanto o caminho azul mostra o segundo melhor nível de sinal recebido até ao pior caso, sendo a cor vermelha. Por conseguinte, em média, o nível global do sinal de recepção é muito mau.

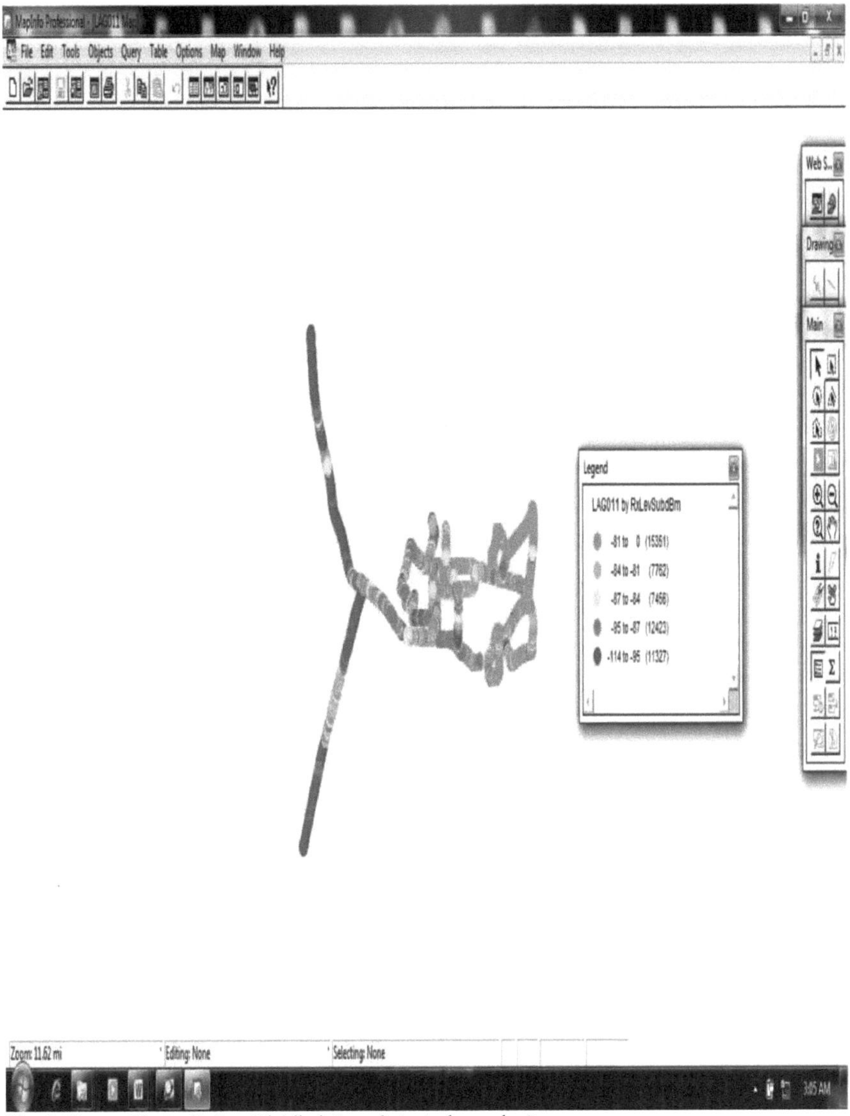

Fig. 4.4 Lagos Cluster RxLev Distribuição após teste de condução

Tabela 4.1 Proporção de Lagos Cluster RxLev após o teste de condução

S/N	RECEIVE SIGNAL LEVEL (dBm)	COUNTS	% DISTRIBUTION	% CUMMULATIVE
1	-81 to 0	15351	28.26	28.26
2	-84 to -81	7762	14.29	42.55
3	-87 to -84	7456	13.73	56.28
4	-95 to -87	12423	22.87	79.15
5	-114 to -95	11327	20.85	100.00

A figura 4.5 mostra o Histograma do nível de sinal de recepção que ilustra melhor o mapeamento mostrado na figura 4.4. O melhor nível de sinal (-81 a 0) dBm é visto como tendo uma contagem de 15351 que é cerca de 28,26% em proporção. O melhor nível de sinal de recepção deve ser estimado em cerca de 100% para um melhor desempenho.

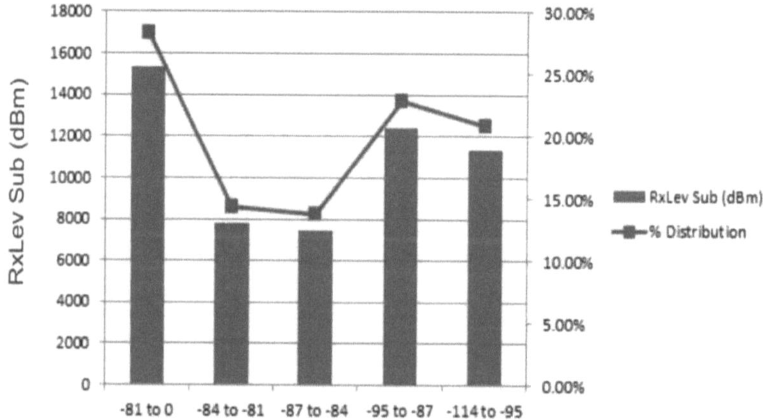

Fig. 4.5 Lagos Cluster RxLev Histograma após teste de condução

4.4 Análise da Qualidade do Sinal Recebido

A partir da Tabela 4.2, verifica-se que a melhor qualidade de recepção de sinal que se situa entre -1 e 1 é de cerca de 72,13% da contagem total. Mas para um melhor desempenho, a qualidade do sinal de recepção é suposto estimar-se em cerca de 100%. Fig. 4.6 apresenta o mapeamento com a legenda que mostra o nível de Qualidade de recepção do caminho percorrido, tal como obtido a partir do software profissional MapInfo. O caminho verde mostra a proporção da melhor qualidade do sinal enquanto que o caminho vermelho mostra a área com má qualidade do sinal.

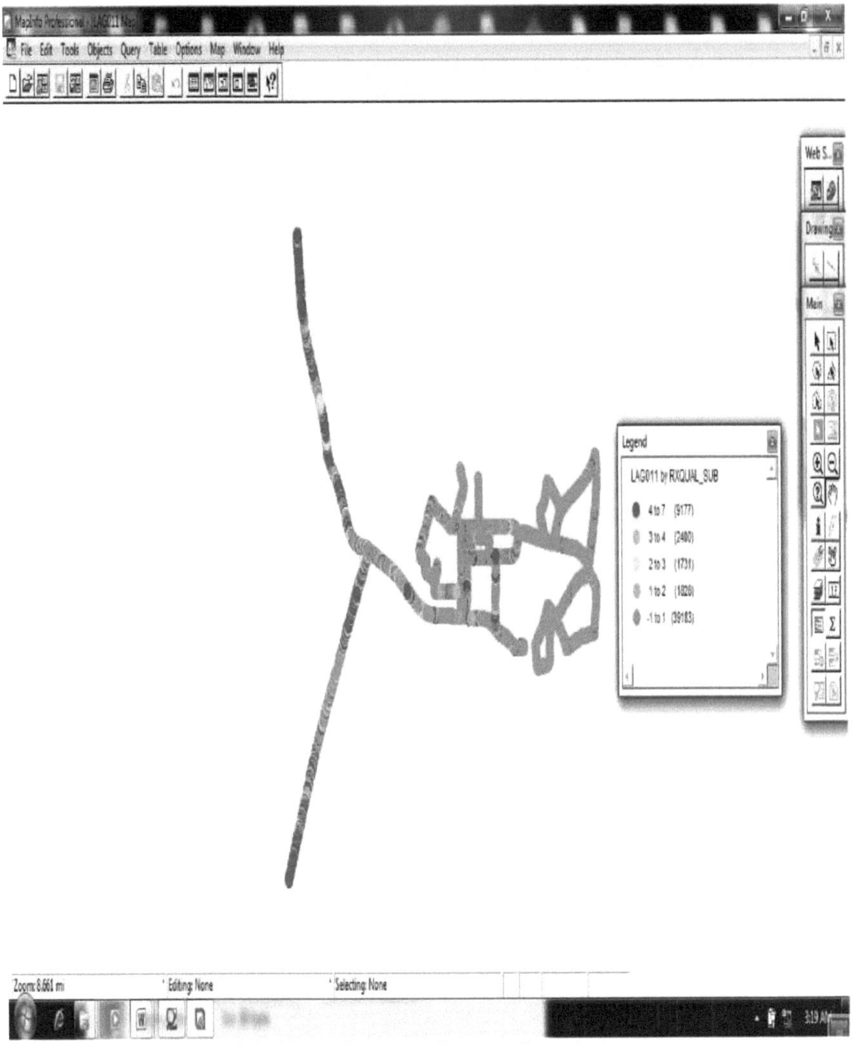

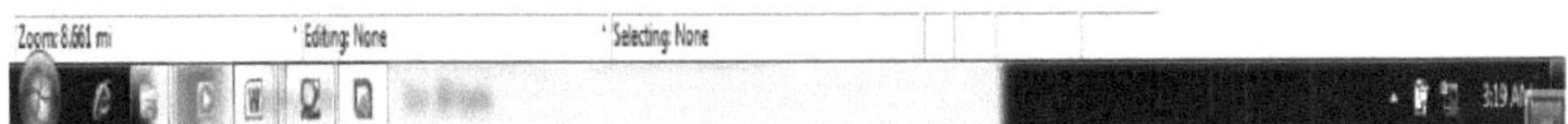

Fig. 4.6 Distribuição RxQual do Cluster de Lagos após o teste de condução

Tabela 4.2 Proporção RxQual do Cluster de Lagos após o teste de condução

S/N	RECEIVE SIGNAL QUALITY	COUNTS	% DISTRIBUTION	% CUMMULATIVE
1	-1 to 1	39183	72.13	72.13
2	1 to 2	1828	3.37	75.50
3	2 to 3	1731	3.19	78.69
4	3 to 4	2400	4.42	83.11
5	4 to 7	9177	16.89	100.00

A figura 4.7 mostra a representação gráfica da qualidade do sinal recebido com a sua distribuição percentual. A melhor qualidade do sinal recebido (-1 a 1) é vista como tendo uma contagem de 39183 que é de cerca de 72,13% em proporção. A melhor qualidade de recepção do sinal é suposta estimar-se em cerca de 100% para um melhor desempenho

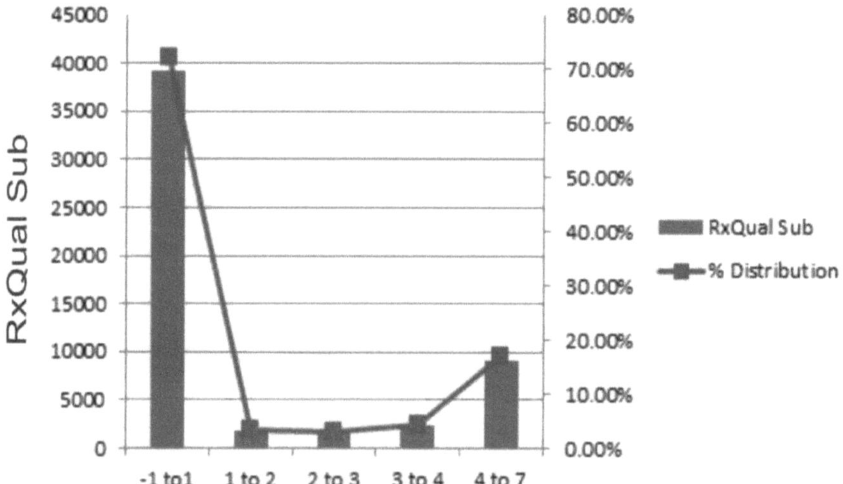

Fig. 4.7 Histograma RxQual do Cluster de Lagos após o teste de condução

4.5 Análise do Índice de Qualidade da Fala

Os indicadores recolhidos da rede que fornecem informações sobre a qualidade da fala são:

- Chamadas perdidas devido à má qualidade

- Lançamento de chamadas devido à má qualidade

- Características da entrega

- Distribuição RxQual

- Medição/distribuição da taxa de apagamento da moldura (FER)

É digno de nota saber que a qualidade da fala é degradada pela elevada taxa de erros de bit (BER). A Bit Error Rate (BER) e a Frame Erasure Rate (FER) são o factor de degradação da fala mais importante. Esta degradação pode ser minimizada através da utilização de Microcélulas. Mais ainda, a passagem de célula a célula introduzirá também uma perturbação da qualidade da fala [18].

O Índice de Qualidade da Fala é uma estimativa da qualidade da fala percebida como experimentada pelo utilizador móvel e baseia-se principalmente em eventos de entrega e nas distribuições de erros de bits e apagamento de frames.

A qualidade da fala na rede é também afectada por uma série de factores, incluindo o tipo de telemóvel que o assinante está a utilizar, ruído de fundo, problemas de eco, e perturbações do canal de rádio.

Para obter a melhor qualidade de discurso, o FER e o BER devem ser zero e o limite aceitável do SQI é de cerca de -10. É de notar que a Qualidade de Recepção, o FER e o SQI são factores chave na análise dos problemas de interferência [18]. A partir da ferramenta de investigação TEMS, o FER flutuou entre 0 a 92 enquanto o BER se situou entre 0 a 11,20.

Da Tabela 4.3, verifica-se que o melhor SQI é cerca de 21% da contagem total, o que indica um SQI muito mau na estimativa global. Para um melhor desempenho, o SQI deve ser estimado em cerca de 100%. A figura 4.8 mostra o mapeamento com a legenda que mostra a proporção do SQI do caminho percorrido. O caminho verde mostra a proporção do índice da melhor qualidade de fala, enquanto que o caminho vermelho mostra a área com má qualidade de fala.

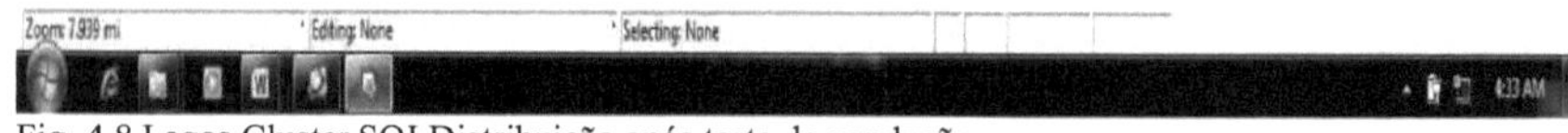

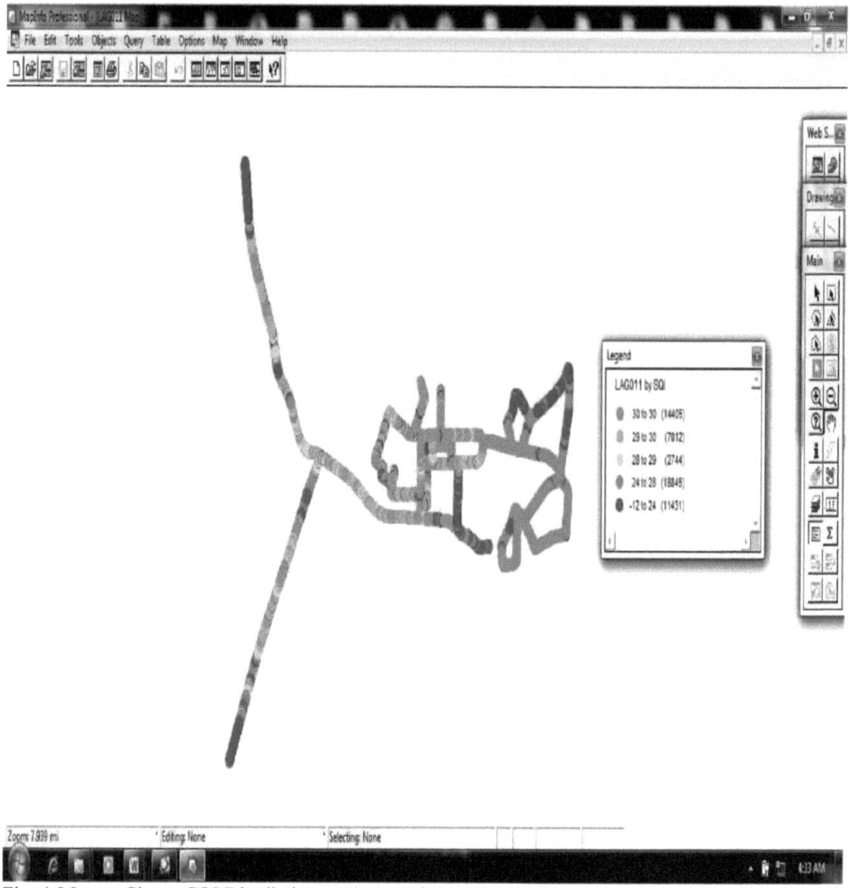

Fig. 4.8 Lagos Cluster SQI Distribuição após teste de condução

Tabela 4.3 Lagos Cluster SQI Proporção após o teste de condução

S/N	SQI	COUNTS	% DISTRIBUTION	% CUMMULATIVE
1	30 to 30	14405	26.46	26.46
2	29 to 30	7012	12.88	39.34
3	28 to 29	2744	5.04	44.38
4	24 to 28	18845	34.62	79.00
5	-12 to 24	11431	21.00	100.00

A figura 4.9 mostra a representação gráfica do SQI com a sua distribuição percentual. O melhor nível SQI (30 a 30) é visto como tendo uma contagem de 14405 que é cerca de 26,46% em proporção, mostrando que o índice de qualidade da fala é demasiado baixo. Para um melhor desempenho, o nível de SQI deve estimar-se em cerca de 100%.

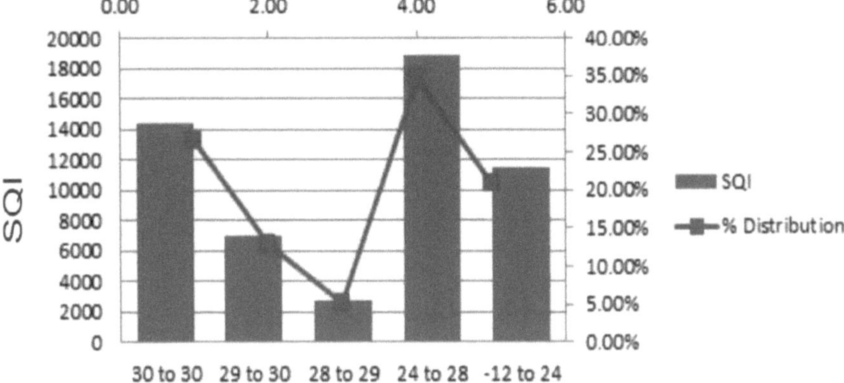

Fig. 4.9 Histograma SQI do Cluster de Lagos após o teste de condução

Dos cinco sítios Macrocell em estudo, salienta-se que a cobertura do sistema precisa de ser melhorada de modo a compensar o fraco desempenho, como se pode ver na análise do sinal de recepção, na análise da qualidade do sinal de recepção e no índice de qualidade da fala.

Tabela 4.4 Estatísticas de chamadas recolhidas utilizando o software TEMS Investigation durante os testes de condução.

CALL STATISTICS	DRIVE TEST ANALYSIS
CALL PERFORMANCE	
Call Attempt	20
Attempt Failure	14
Attempt Failure Rate	41.176%
Call Setup Success Rate	58.824%
Handover Attempt	15
Handover Failure	8
Handover Failure Rate	53.333%
Handover Success	7
Handover Success Rate	46.667%
Drop Call	7
Call drop Rate	35.455%
Call Retain ability	64.55%

A partir das Estatísticas de Chamadas obtidas durante os testes de condução como mostra a Tabela 4.4, a taxa de falha de chamadas é de cerca de 41,176%, a taxa de falha de transferência é de cerca de 53,333% e a taxa de queda de chamadas é de cerca de 35,455%, juntamente com o fraco nível de Recepção de Sinal, Qualidade de Recepção de Sinal e mau SQI, conclui-se que a cobertura e capacidade da rede Macrocell existente analisada tem de ser melhorada, uma vez que a actual capacidade do sistema não é suficiente para satisfazer a procura dos assinantes.

CAPÍTULO 5

5. Macrocell - Modelação da implantação de microcélulas
5.1 Método de modelização
O método de solução proposto neste trabalho de investigação é a implantação de sistemas microcelulares em áreas com uma procura crescente de melhor cobertura. Para melhor compreender o impacto dos sistemas microcelulares na melhoria da cobertura do sistema de comunicação celular, analisa-se primeiro a Capacidade da rede Macrocell existente que é feita do sistema Macrocell, após o que os sistemas microcelulares são então implantados para uma maior capacidade e cobertura melhorada. Assim, o sistema Macrocell existente é primeiro modelado e testado quanto ao desempenho, após o que o sistema microcelular é implantado no sistema Macrocell modelado e testado quanto ao desempenho melhorado. A abordagem utilizada neste trabalho de investigação é modelar a rede Macrocell existente que consiste no sistema macrocelular e depois implementar os sistemas microcelulares no sistema Macrocell modelado, utilizando a ferramenta de planeamento de radiofrequências Forsk Atoll. Para melhor simular o sistema Macrocell, é utilizado o mapa digital nigeriano que fornece o modelo adequado para o terreno nigeriano definindo a topologia, distribuição populacional, massas de água, altitude, longitude e latitude, entre outros.

5.2 Ferramentas de modelização
As ferramentas utilizadas neste trabalho de investigação para a simulação da rede Macrocell existente e da solução de microcélulas são

- Ferramenta de planeamento de radiofrequências Forsk Atoll
- Mapa digital nigeriano

A ferramenta de planeamento de radiofrequência Atoll é um software de planeamento de radiofrequência e optimização feito pela Forsk que fornece um conjunto abrangente e integrado de ferramentas e características que permitem a criação de projectos de planeamento de microondas e radiofrequência.

5.3 Procedimento de modelização
A ferramenta de planeamento de radiofrequências Forsk Atoll é primeiro instalada no portátil e depois lançada. Para efeitos deste trabalho de investigação, o procedimento de simulação é agrupado em duas fases. A fase um é a modelação da rede Macrocell existente, constituída por sistemas Macrocellulares e a fase dois é a modelação da solução microcelular no sistema Macrocell modelado na fase um, de modo a verificar a melhoria da cobertura do sistema Macrocell através da implantação de sistemas microcelulares.

O procedimento para a modelação do sistema Macrocell existente é o seguinte

- Lançamento da ferramenta de planeamento de radiofrequências Forsk Atoll
- Configuração das coordenadas
- Importação de mapa digital nigeriano
- Implementação dos sítios Macrocell

- Configuração dos parâmetros do transmissor Macrocell

- Configuração dos parâmetros do Macrocell Transceiver (TRX)

- Configuração de parâmetros Macrocell

- Especificação das zonas

- Fazendo previsões sobre o sistema Macrocell

- Teste de qualidade MACROCELL

A ferramenta de planeamento de radiofrequências Forsk Atoll é lançada pela primeira vez e o modelo do projecto Macrocell é seleccionado para modelar o sistema Macrocell. A figura 5.1 mostra a interface da ferramenta de planeamento de radiofrequência.

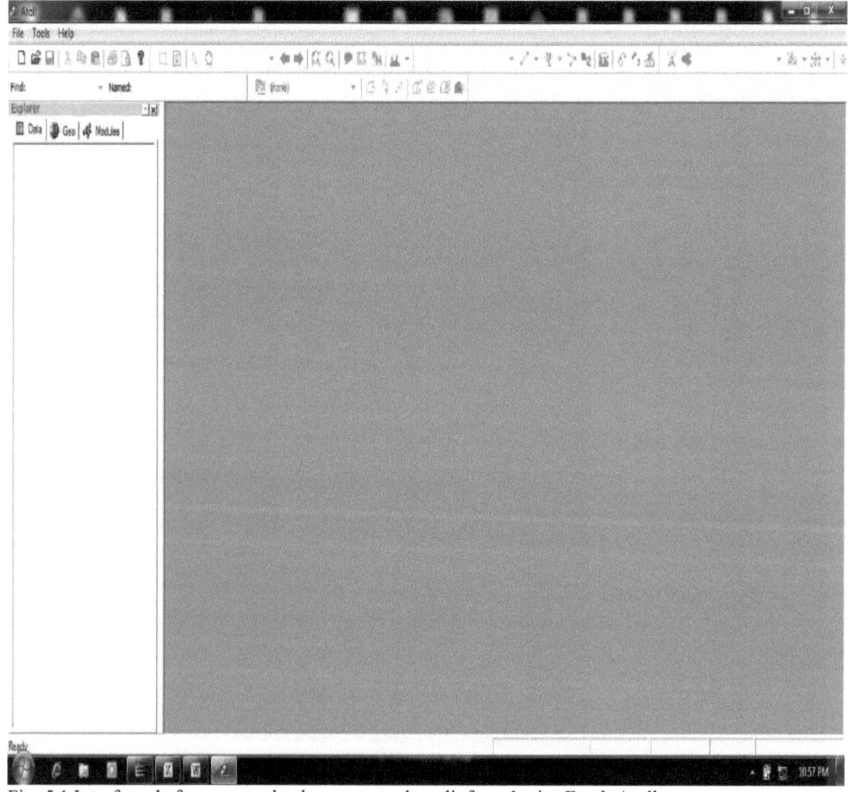

Fig. 5.1 Interface da ferramenta de planeamento de radiofrequências Forsk Atoll

A figura 5.2 mostra os vários modelos para os quais é utilizada a ferramenta de planeamento de radiofrequências. Para efeitos deste trabalho de investigação, é utilizado o modelo GSM GPRS EGPRS, uma vez que contém as ferramentas que melhor modelam o sistema Macrocell.

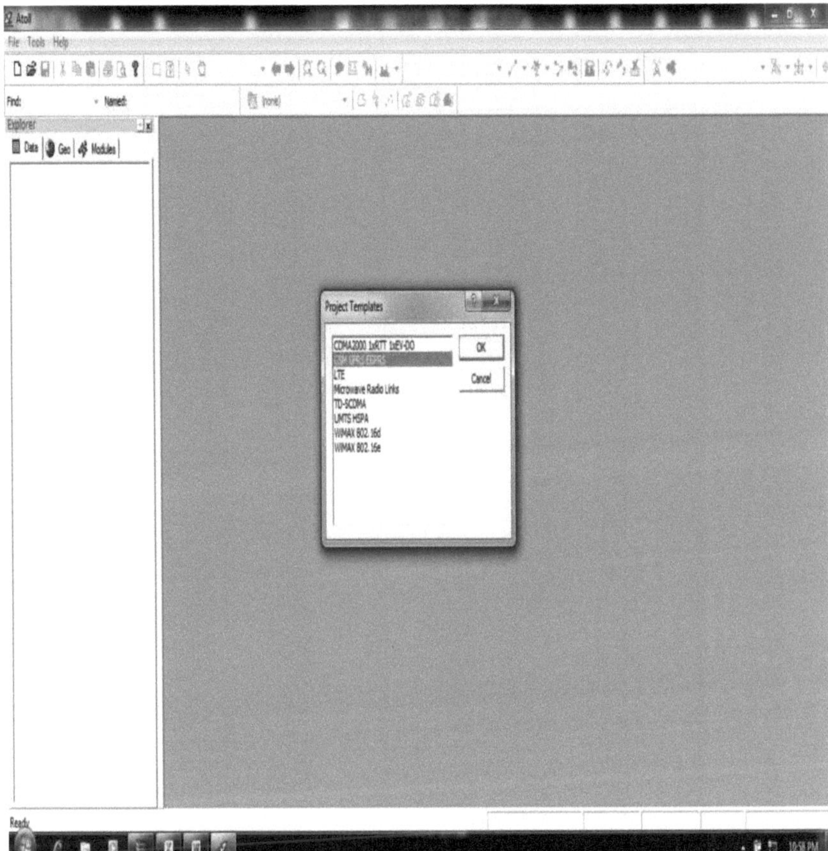

Fig. 5.2 Ferramenta de planeamento de radiofrequências Forsk Atoll mostrando o modelo do projecto Macrocell

Para o terreno nigeriano, o sistema de coordenadas é WGS84 UTM zonas 32N onde o UTM (Universal Tranverse Mercator) é a projecção, o Datum e o Elipsóide é WGS84 (World Geodetic System 84) e a região é de 6 graus Leste a 12 graus Leste do hemisfério Norte.

A figura 5.3 mostra o Mapa Digital Nigeriano na ferramenta de planeamento de radiofrequências. O Cluster, Heights and Vectors do mapa digital nigeriano são importados para a ferramenta de planeamento de radiofrequências Forsk Atoll. A classe Cluster define as zonas rurais da serra, a região florestal, as terras arborizadas, os campos/locais agrícolas, as zonas suburbanas, as regiões urbanas e as densas regiões urbanas. As Alturas definem a altitude enquanto os Vectores definem as estradas.

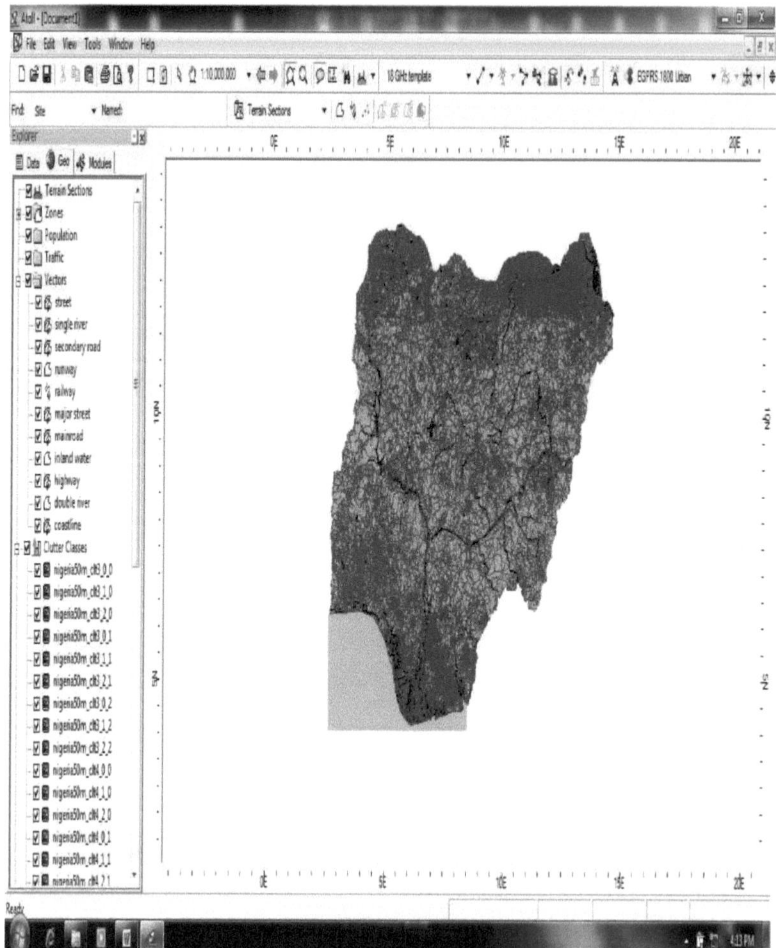

Fig. 5.3 Ferramenta de planeamento de radiofrequências Forsk Atoll mostrando o Mapa Digital Nigeriano

5.4 Implantação de Macrocell

Uma vez que o número de sítios de macrocélulas em rede em estudo é cinco, considerando que a região de Lagos no mapa digital nigeriano é uma região altamente povoada, são implementados cinco sítios de macrocélulas para modelar a rede analisada durante os testes de condução. Cada sítio tem três sectores. A altura do pilão (Torre) é fixada em 36 metros, sendo a altura padrão para os sítios de macrocélulas. A figura 5.4 mostra os cinco sítios de macrocélulas na ferramenta de planeamento de radiofrequência Forsk Atoll.

Fig. 5.4 Sítios Macrocell em estudo

Site1, site2, site3, site4 e site5 como visto na Fig. 5.4 modela as cinco estações de base de macrocélulas

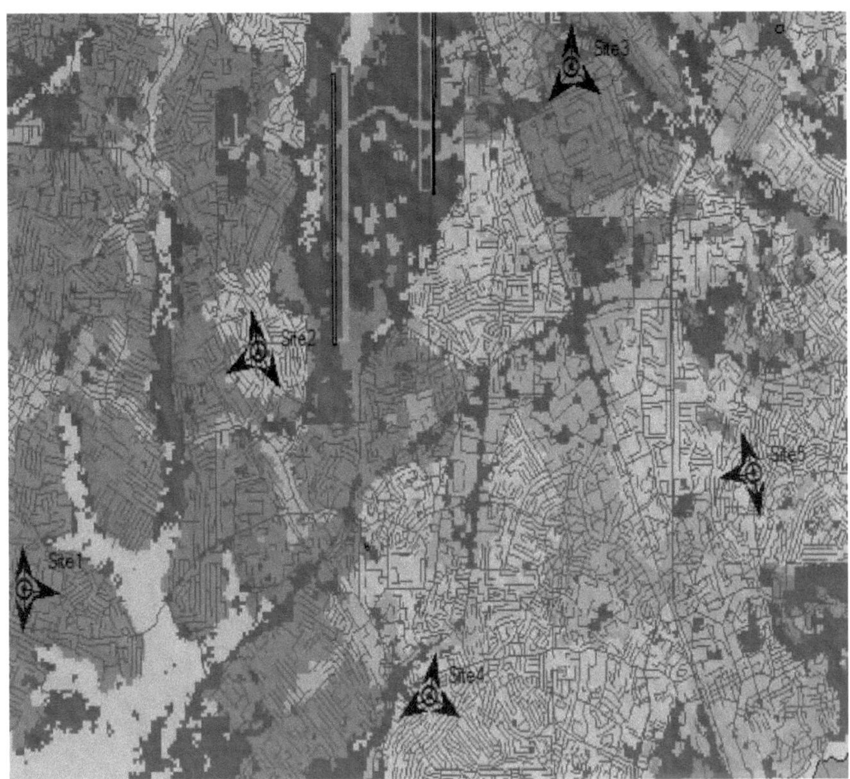

analisado. Isto é feito para ajudar a verificar o desempenho do sistema Macrocell existente, de modo a ajudar a identificar o impacto do sistema de microcélulas após a sua implementação.

Os parâmetros para a potência do transmissor Macrocell é de cerca de 20W (43 dBm) com potência isotrópica irradiada efectiva (EIRP) de 57.5dBm. A altura da antena é de 36 metros. A antena utilizada é a antena de 65 graus 17dBi 6 graus Tilt Kethrein onde os 65 graus são a largura do feixe, 17dBi é o ganho da antena e a inclinação de 6 graus é o ângulo de inclinação eléctrica e os 1800MHz é a banda Macrocell na qual o sistema de antena está a operar. O padrão horizontal da antena é apresentado na Tabela 5.1 e o gráfico polar correspondente do padrão horizontal é apresentado na Fig. 5.5.

Tabela 5.1 Padrão horizontal da antena Macrocell

Angle (°)	Att. (dB)
0	0
1	0
2	0
3	0
4	0.1
5	0.1
6	0.1
7	0.2
8	0.2
9	0.3
10	0.3
11	0.4
12	0.5
13	0.6
14	0.7
15	0.8
16	0.9

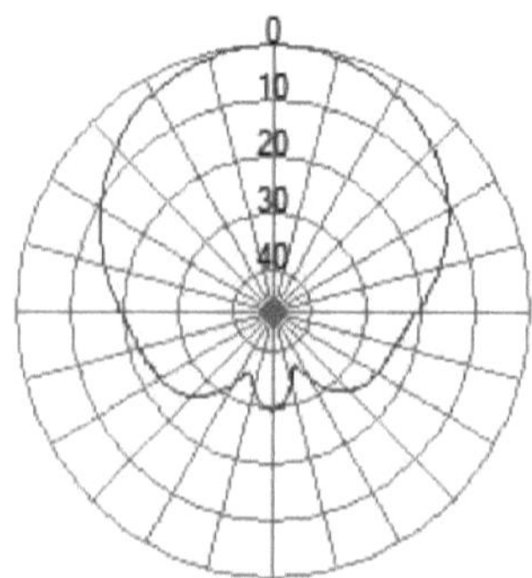

Fig. 5.5 Traçado polar do padrão horizontal da antena MACROCELL

O padrão vertical da antena MACROCELL utilizada é dado na Tabela 5.2 e a parcela polar correspondente é mostrada na Fig. 5.6

Quadro 5.2 Padrão vertical da antena Macrocell

Angle (°)	Att. (dB)
0	11
1	6.9
2	4.1
3	2.2
4	0.9
5	0.2
6	0
7	0.3
8	1.2
9	2.6
10	4.8
11	7.6
12	11.6
13	15.9
14	16.6
15	14.6
16	13.4

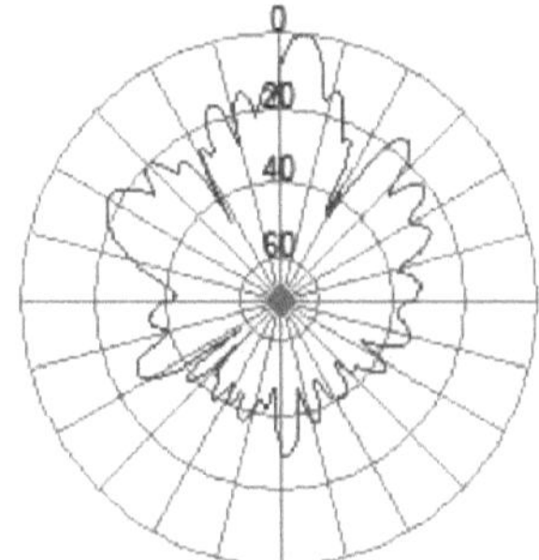

Fig. 5.6 Traçado polar do padrão vertical da Antena Macrocell

O número de TRX num sector é dois, perfazendo um total de seis TRX nos três sectores. Por conseguinte, cada sítio Macrocell tem 6 TRXs. A probabilidade de bloqueio ou atraso do tráfego de voz é configurada como 2% desde que o Grau de Serviço (GoS) para o sistema de telecomunicações na Nigéria é de 2%. A mobilidade da Estação móvel está configurada em 50Km/h e 90Km/h. O ambiente está configurado para áreas urbanas, urbanas, suburbanas e rurais densas.

Tabela 5.3 Propriedades urbanas densas

User	Density (Subscriber/Km^2)
Business user	2000
Standard user	2000

O quadro 5.3 mostra que o número médio de utilizadores empresariais dentro da área de cobertura da estação de base na região urbana densa é de 2000. Os utilizadores empresariais são os que utilizam o sistema Macrocell a maior parte do tempo, enquanto que os utilizadores normais são os que utilizam ocasionalmente os seus terminais móveis. Os utilizadores padrão são configurados como 2000 assinantes/Km^2

Tabela 5.4 Propriedades urbanas

User	Density (Subscriber/Km^2)
Business user	1600
Standard user	1600

Da Tabela 5.4, os utilizadores empresariais são 1600 na região urbana, enquanto os utilizadores padrão são também 1600 assinantes/Km^2

Tabela 5.5 Propriedades suburbanas

User	Density (Subscriber/Km^2)
Standard user	800

Na região suburbana, o sistema está configurado apenas para utilizadores normais, uma vez que existem poucas ou nenhumas actividades comerciais na região suburbana e o número de utilizadores móveis é também reduzido. O número de utilizadores padrão está configurado para 800subscribers/Km2, como mostra a tabela 5.5

Quadro 5.6 Propriedades rurais

User	Density (Subscriber/Km^2)
Standard user	40

Como a zona rural é escassamente povoada, o número de assinantes configurado é de 40 para utilizadores padrão, como mostra a Tabela 5.6.

A zona de foco e a zona de cálculo estão dispostas de modo a restringir a previsão à região simulada. A figura 5.7 mostra a zona focal e a zona de cálculo. A zona focal é o polígono interior que é de cor verde, enquanto a zona de cálculo é o polígono exterior que é de cor azul.

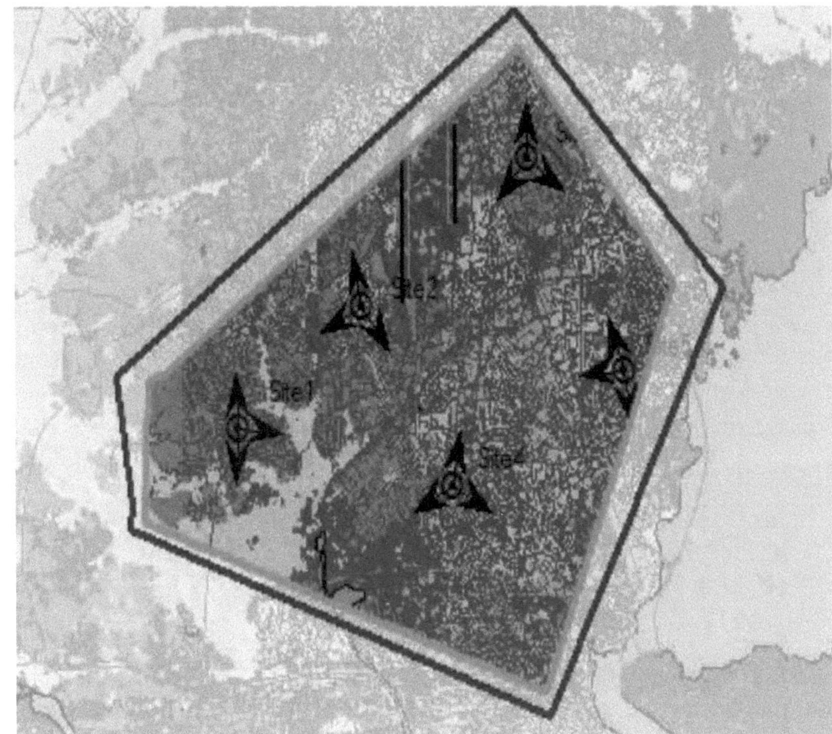

Fig. 5.7 Sítios Macrocell mostrando a zona de foco e a zona de cálculo

A previsão é feita em cobertura por emissor e cobertura por nível de sinal. Os servidores são configurados para o melhor nível de sinal com 95% de probabilidade de cobertura celular. A figura 5.8 mostra a previsão da cobertura em relação aos transmissores já configurados. A legenda para a previsão da cobertura é mostrada em conformidade. O caminho rotulado A, B, C e D mostra a área sem cobertura dentro da zona de cálculo.

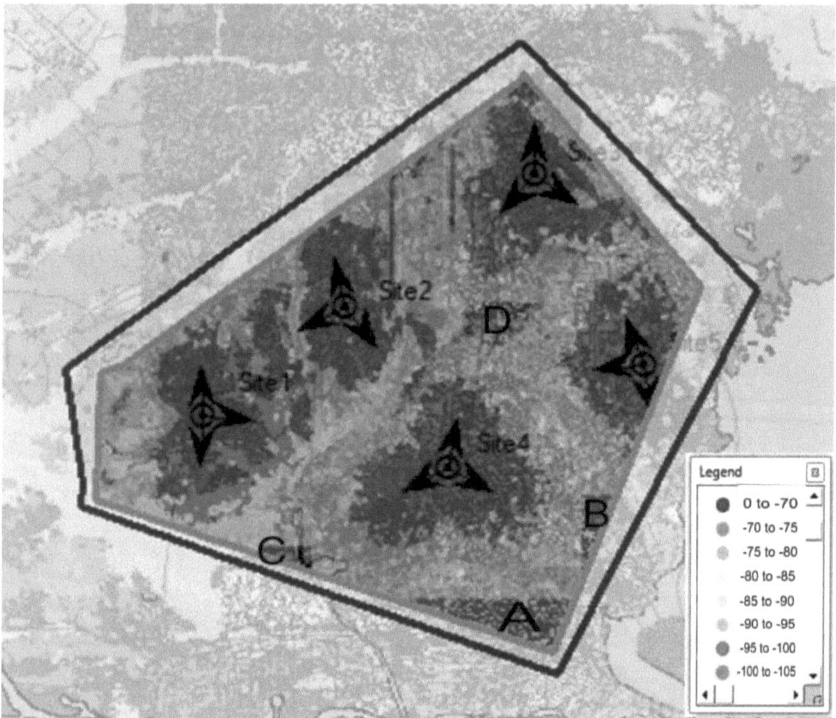

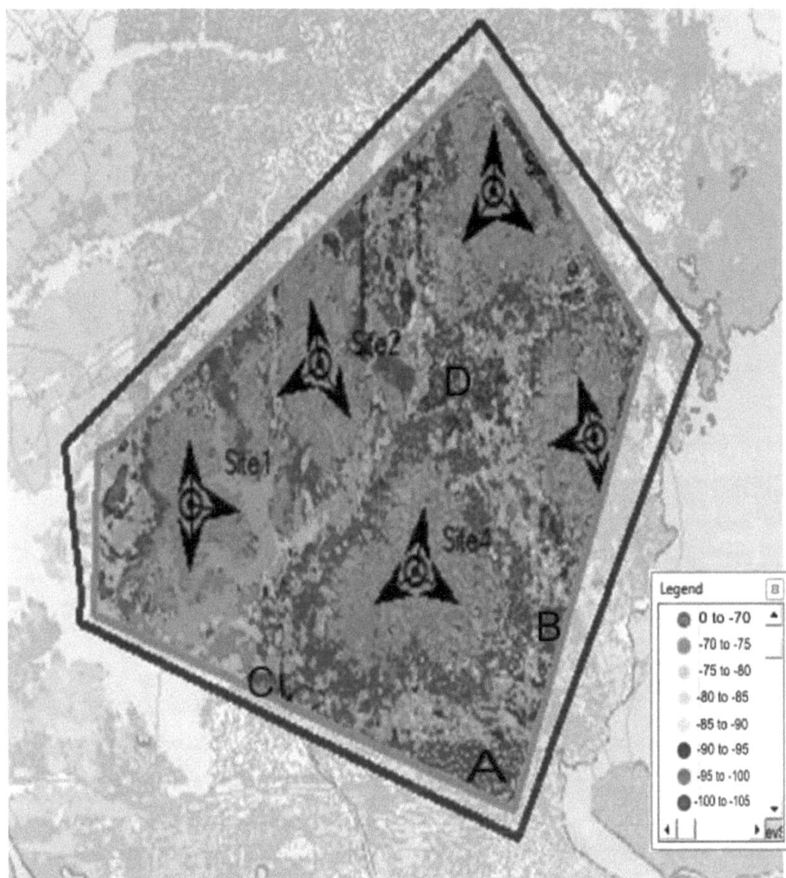

Fig. 5.9 Predição Macrocell mostrando cobertura por nível de sinal

O teste de qualidade do sistema Macrocell é realizado para confirmar a cobertura do sistema Macrocell. Se o teste falhar, então, o sistema Macrocell necessitará de optimização. O teste de qualidade Macrocell é realizado para verificar a cobertura do Canal de Controlo de Transmissão (BCCH) e o nível de dominância Macrocell. Este processo de optimização é realizado para verificar se a cobertura do BCCH satisfaz 90% de cobertura mínima de área com o nível de dominância Macrocell acima dos 90%. A figura 5.10 mostra que o sistema Macrocell simulado não conseguiu atingir a cobertura de área mínima de 90% e, por conseguinte, o objectivo falhou.

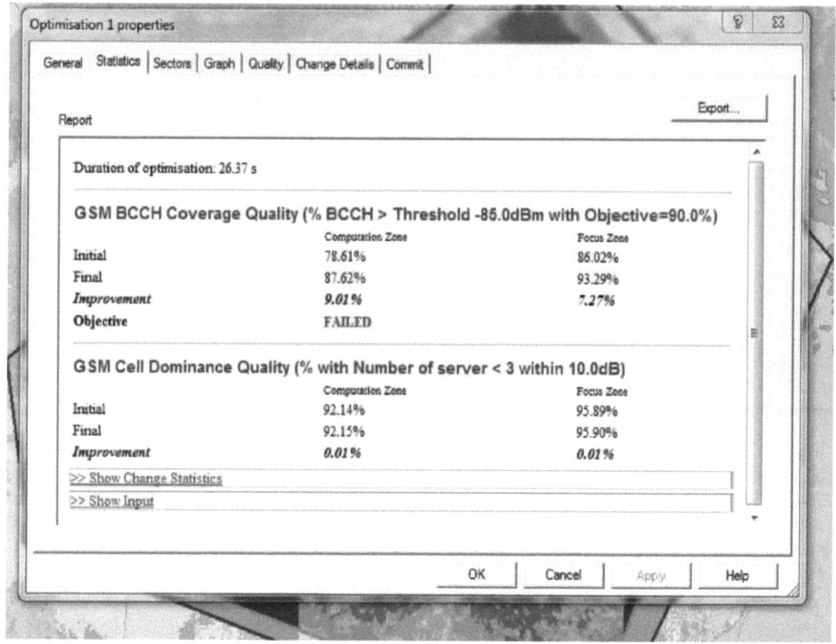

Fig. 5.10 Estatísticas de qualidade Macrocell para o sistema Macrocell simulado

Uma vez que o objectivo do sistema Macrocell falhou, como mostrado na Fig. 5.10, devido ao facto de mais sistemas de macrocélulas não poderem ser implantados na região, por conseguinte, os sistemas de microcélulas são implantados de modo a melhorar a cobertura. Isto leva à segunda fase da simulação.

5.5 Implementação de microcélulas

O procedimento para a modelação da solução de microcélulas é o seguinte

- Implementação do site Microcell
- Configuração dos parâmetros do Transmissor de Microcélulas
- Configuração dos parâmetros da Microcell TRX

- Predição de solução microcelular
- Teste de qualidade da solução microcelular

As microcélulas são implementadas na região urbana e urbana densa, de modo a satisfazer a procura dos assinantes. A implementação do sistema de microcélulas destina-se a melhorar a cobertura, bem como a aumentar a capacidade do sistema. Site6, site7, site8, site9, site10, site11, site12, site13, site14, site15, site16, site17 e site18 são os sistemas de microcélulas como mostrado na Fig. 5.11.

Fig. 5.11 Sítios Macrocell mostrando os sítios Microcell implementados

Os parâmetros para a potência do transmissor microcelular são 20milliwatts (13dBm) com a potência isotrópica irradiada efectiva de 16dBm. A altura da antena é de 10 metros. Uma antena Micro 65 graus 6dBi 6 graus Tilt 1800MHz Kethrein é utilizada onde os 65 graus são a largura do feixe, 6dBi é o ganho da antena, 6 graus Tilt é o ângulo de inclinação eléctrica e 1800MHz é a banda de macrocélulas em que o sistema de antena está a operar. O número de transceptores (TRX) em cada microcélula é configurado para dois, uma vez que o número total de transceptores que um local de microcélula pode suportar é de dois. Os servidores são configurados para o melhor nível de sinal com 95% de probabilidade de cobertura celular. A previsão da solução microcelular mostrando a cobertura por transmissor é mostrada na Fig. 5.12. Observa-se que o sítio da microcélula9, sítio10, sítio13, sítio15, sítio16, sítio17 e sítio18 são implementados em estreita proximidade devido à maior procura de capacidade e necessidade de melhor cobertura na região. A flexibilidade envolvida na implementação de sítios de microcélulas, juntamente com a facilidade de implementação, levou-me a propor a solução de microcélulas.

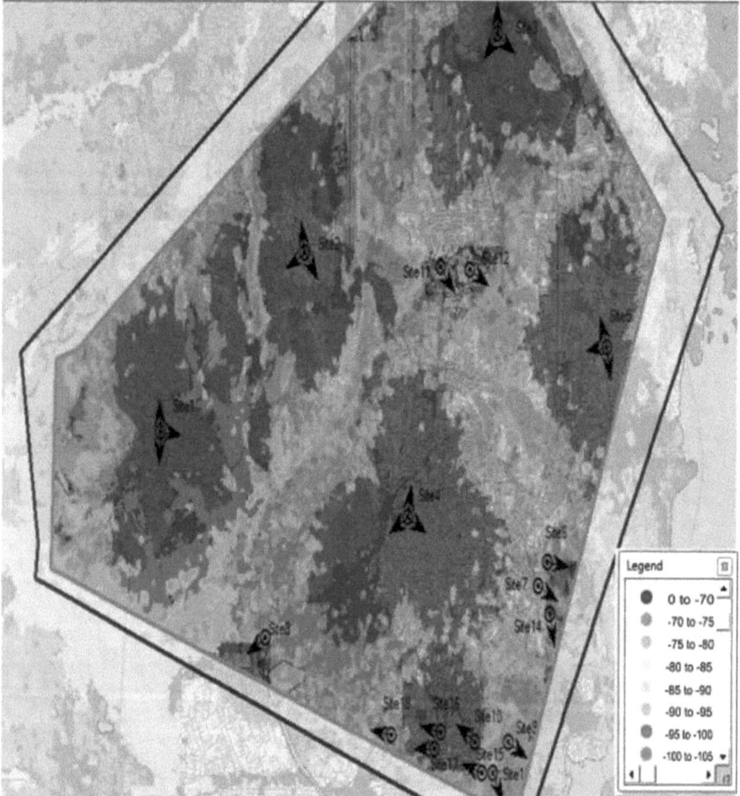

Fig. 5.12 Predição de solução microcelular mostrando cobertura por transmissor

A previsão da solução microcelular mostrando a cobertura por nível de sinal é mostrada na Fig. 5.13. A extensão da área com cobertura de sinal é claramente mostrada na Fig. 5.13. Isto é uma indicação clara do aumento de capacidade associado a uma cobertura de sinal mais ampla.

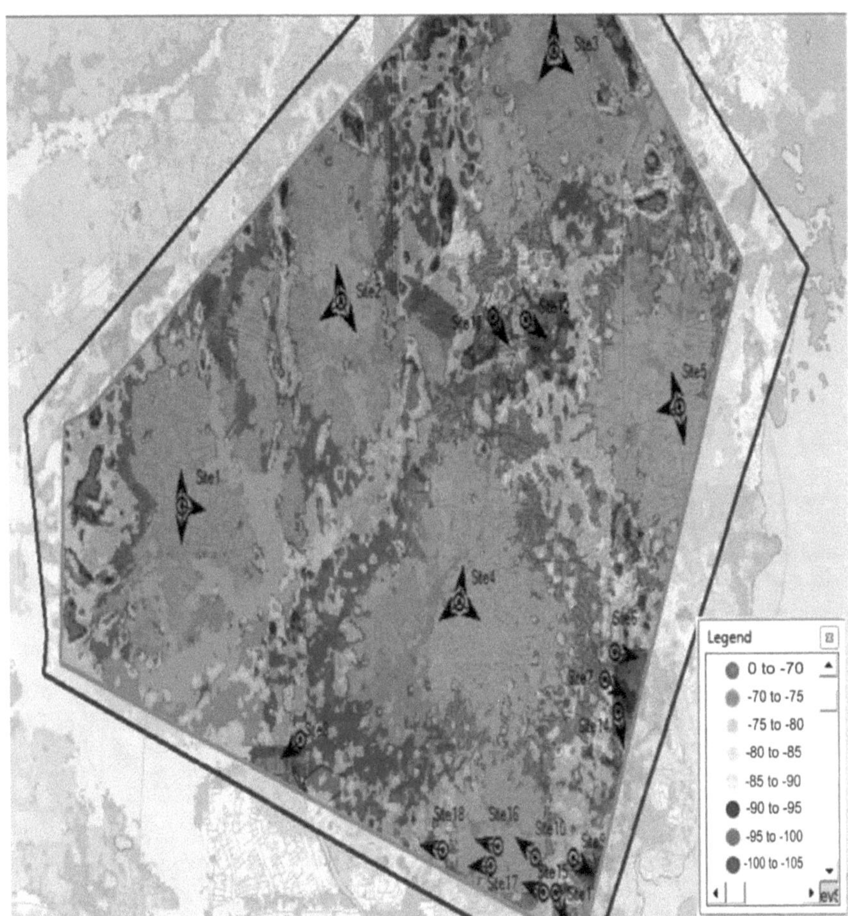

Fig. 5.13 Predição de solução microcelular mostrando cobertura por nível de sinal

O teste de qualidade do sistema Macrocell é realizado para verificar a melhoria da cobertura do sinal do sistema Macrocell. O teste de qualidade Macrocell, como mostrado na Fig. 5.14, mostra que o objectivo Macrocell foi alcançado na implementação do sistema de microcélulas. A partir da Fig. 5.14, a qualidade de dominância da célula Macrocell é vista como superior a 90%.

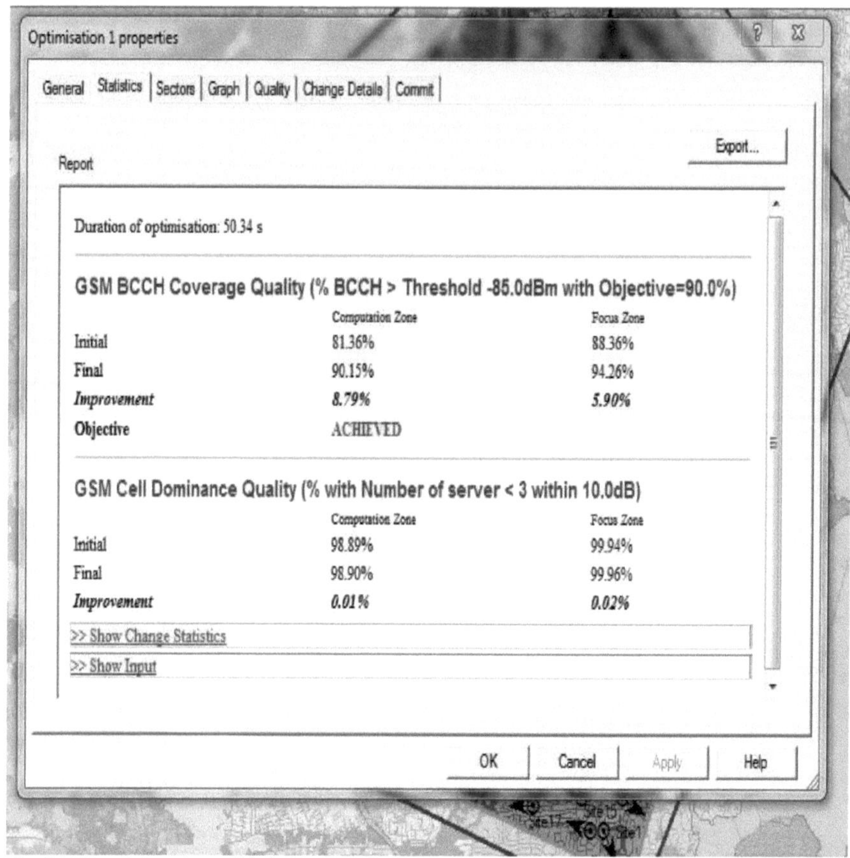

Fig. 5.14 Estatísticas de qualidade MACROCELL para a solução microcelular simulada

CAPÍTULO 6

6. Avaliação e análise de sítios de células de radiofrequência

6.1   Análise de sítios de células de radiofrequência

A modelação do local da célula foi realizada no cenário urbano e urbano denso, utilizando as ferramentas prédefinidas. Os resultados da simulação estão, portanto, agrupados em duas fases. Os resultados simulados do sistema Macrocell e os resultados da solução microcelular.

6.2   Capacidade do sistema Macrocell

A tabela 6.1 dá a capacidade do sistema dos sítios Macrocell simulados. Isto descreve a capacidade de carga dos sítios Macrocell modelados em Erlangs/Km^2 .

Tabela 6.1 Sítios Macrocell simulados mostrando a capacidade do sistema

Macrocell site	Erlangs/Km^2	Cumulative Erlangs/Km^2	% Distribution	% cumulative Distribution
Macrocell1	32.84	32.84	6.67	6.67
Macrocell2	32.84	65.68	13.33	20.00
Macrocell3	32.84	98.52	20.00	40.00
Macrocell4	32.84	131.36	26.67	66.67
Macrocell5	32.84	164.20	33.33	100.00

A figura 6.1 mostra a capacidade acumulada do sistema Macrocell modelado em Erlangs/Km^2 . Fig. 6.1 segue directamente da Tabela 6.1 onde a capacidade do sítio Macrocell aumenta de 32.84Erlangs/Km^2 de Macrocell1 para 164.20Erlangs/Km^2 cumulativamente de Macrocell5. Isto dá uma análise descritiva da capacidade de carga das cinco estações base da Macrocell.

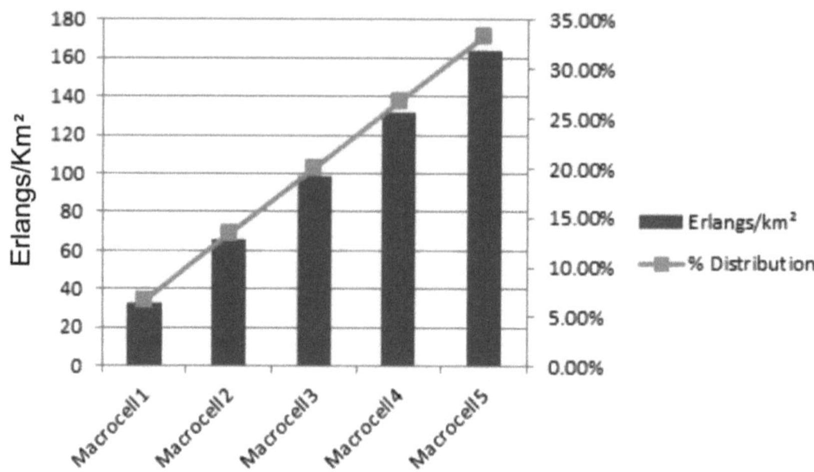

Fig. 6.1 Capacidade do sistema Histograma do sistema Macrocell simulado

A tabela 6.2 mostra a capacidade de carga dos assinantes dos cinco sítios Macrocell. Cada sítio GSM (macrocell) pode suportar 1314subscribers/Km² como mostra a Tabela 4.2, de modo que, cumulativamente, as cinco estações-base GSM suportarão 6570 subscritores/Km² .

Tabela 6.2 Sítios Macrocell simulados mostrando o número de subscritores

Macrocell site	Subscriber/Km²	Cumulative Subscriber/Km²	%Distribution	% Cumulative Distribution
Macrocell1	1314	1314	6.67	6.67
Macrocell2	1314	2628	13.33	20.00
Macrocell3	1314	3942	20.00	40.00
Macrocell4	1314	5256	26.67	66.67
Macrocell5	1314	6570	33.33	100.00

A figura 6.2 mostra o efeito cumulativo dos sistemas Macrocelulares em relação à capacidade de carga dos subscritores. Isto modela correctamente a capacidade de carga dos subscritores do sistema Macrocell existente que requer cobertura e aumento da capacidade.

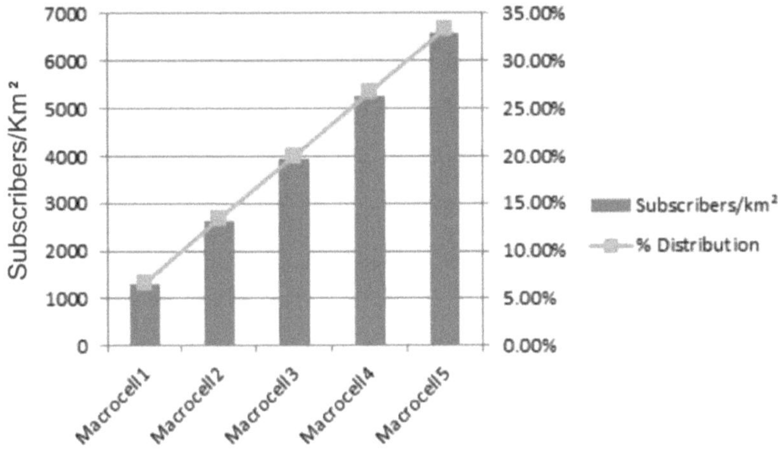

Fig. 6.2 Número de subscritores Histograma do sistema Macrocell simulado

6.3 Cobertura do sistema Macrocell

A tabela 6.3 mostra a cobertura por quilómetro quadrado da rede Macrocell modelada. As cinco estações de base Macrocell têm o melhor nível de sinal (0 a -70)dBm, passando por 72,70 cobertura/Km² enquanto que o nível de sinal mínimo (-100 a -105)dBm passa por 0,5Cobertura/Km² . Também é mostrada a proporção percentual da área de cobertura correspondente aos vários níveis de sinal. É de notar que o melhor nível de sinal representa a cobertura mais próxima das estações base enquanto que as áreas mais afastadas experimentam a menor cobertura de sinal.

Tabela 6.3 Cobertura por nível de sinal do sistema Macrocell

S/N	Signal Level (dBm)	Coverage/Km²	% Distribution	% Cumulative Distribution
1	0 to -70	72.70	41.97	41.97
2	-70 to -75	43.70	25.23	67.20
3	-75 to -80	25.80	14.90	82.10
4	-80 to -85	14.70	8.49	90.59
5	-85 to -90	9.00	5.20	95.79
6	-90 to -95	4.80	2.77	98.56
7	-95 to -100	2.00	1.15	99.71
8	-100 to -105	0.50	0.29	100.00

Fig. 6.3 segue directamente do Quadro 4.3 e ilustra melhor a cobertura por quilómetro quadrado mostrando a proporção percentual da área coberta pelo sinal Macrocell.

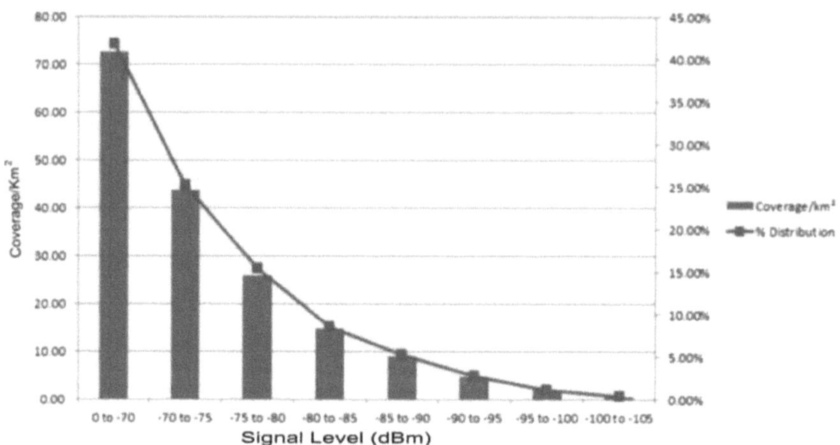

Fig. 6.3 Cobertura de sinal das estações base Macrocell simuladas

6.4 Capacidade do sistema de microcélulas

A tabela 6.4 mostra os treze sítios de microcélulas implementadas na região densamente povoada durante o processo de simulação. Cada sítio de microcélulas tem a capacidade de carga de 8.2003Erlangs/Km^2 . Cumulativamente, os treze sítios de microcélulas têm a capacidade de 106,6039Erlangs/Km^2 .

Tabela 6.4 Capacidade do sistema dos sítios de microcélulas

Microcell Sites	Erlangs/Km^2	Cumulative Erlangs/Km^2	% Distribution	% cumulative Distribution
Microcell1	8.2003	8.2003	1.10	1.10
Microcell2	8.2003	16.4006	2.20	3.30
Microcell3	8.2003	24.6009	3.30	6.60
Microcell4	8.2003	32.8012	4.40	11.00
Microcell5	8.2003	41.0015	5.49	16.49
Microcell6	8.2003	49.2018	6.59	23.08
Microcell7	8.2003	57.4021	7.69	30.77
Microcell8	8.2003	65.6024	8.79	39.56
Microcell9	8.2003	73.8027	9.89	49.45
Microcell10	8.2003	82.0030	10.98	60.43
Microcell11	8.2003	90.2033	12.09	72.52
Microcell12	8.2003	98.4036	13.19	85.71
Microcell13	8.2003	106.6039	14.29	100.00

A tabela 6.5 mostra a capacidade resultante do sistema após a implementação da solução do sistema microcelular. Observa-se que cada microcélula aumenta a capacidade do sistema em 8.2003Erlangs/Km^2 .

Da Tabela 6.1, as cinco estações base Macrocell têm a capacidade de 164,20Erlangs/Km^2 cumulativamente, enquanto a capacidade do sistema Macrocell é vista a experimentar um crescimento apreciável na Tabela

6.5   a 270.8039Erlangs/Km^2 cumulativamente após a implementação dos sítios de microcélulas.

À medida que a procura dos assinantes aumenta, uma microcélula pode ser facilmente integrada no sistema Macrocell, de modo a aumentar ainda mais a capacidade do sistema, bem como melhorar a cobertura do sinal, uma vez que as antenas microcelulares podem ser facilmente montadas em paredes de edifícios, postes de iluminação pública, entre outros.

Quadro 6.5 Impacto da solução microcelular na capacidade existente do sistema Macrocell

Macrocell/Microcell site	Erlangs/Km^2	Cumulative Erlangs/Km^2	% Distribution	% cumulative Distribution
Macrocell1	32.84	32.8400	0.97	0.97
Macrocell2	32.84	65.6800	1.95	2.92
Macrocell3	32.84	98.5200	2.92	5.84
Macrocell4	32.84	131.3600	3.89	9.73
Macrocell5	32.84	164.2000	4.87	14.60
Microcell1	8.2003	172.4003	5.11	19.71
Microcell2	8.2003	180.6006	5.35	25.06
Microcell3	8.2003	188.8009	5.60	30.66
Microcell4	8.2003	197.0012	5.84	36.50
Microcell5	8.2003	205.2015	6.08	42.58
Microcell6	8.2003	213.4018	6.33	48.91
Microcell7	8.2003	221.6021	6.57	55.48
Microcell8	8.2003	229.8824	6.81	62.29
Microcell9	8.2003	238.0027	7.06	69.35
Microcell10	8.2003	246.2030	7.30	76.65
Microcell11	8.2003	254.4033	7.54	84.19
Microcell12	8.2003	262.6036	7.78	91.97
Microcell13	8.2003	270.8039	8.03	100.00

Na implementação do sistema microcelular, o aumento da capacidade é conseguido como mostra a figura 6.4. À medida que a procura de capacidade aumenta, mais sistemas de microcélulas poderiam ser implementados, o que aumenta ainda mais a cobertura e a capacidade do sistema. A vantagem associada à utilização de microcélulas é a sua capacidade de aumentar a capacidade e cobertura do sistema sem gerar demasiadas interferências devido à sua cobertura limitada.

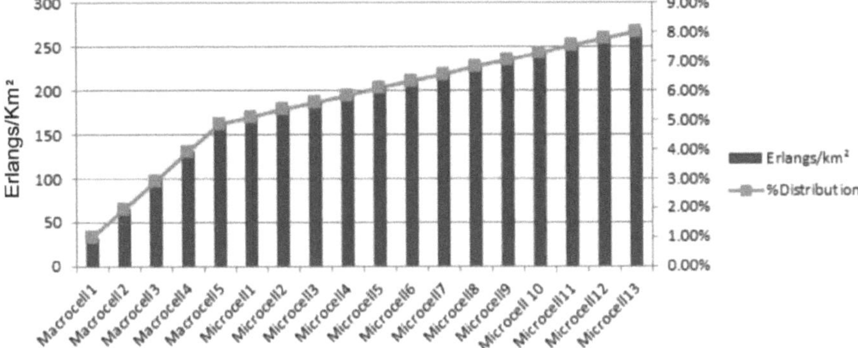

Fig. 6.4 Histograma de Capacidade do Sistema da Solução Microcelular

A capacidade de carga dos subscritores é ilustrada na Tabela 6.6. Cada sítio de microcélulas tem uma capacidade de carga de assinantes de 328subscribers/Km² para que os treze sítios de microcélulas tenham uma capacidade de carga de assinantes de 4264subscribers/Km² .

Tabela 6.6 Número de subscritores dos sites de Microcell

Microcell site	Subscriber/Km²	Cumulative Subscriber/Km²	%Distribution	% Cumulative Distribution
Microcell1	328	328	1.10	1.10
Microcell2	328	656	2.20	3.30
Microcell3	328	984	3.30	6.60
Microcell4	328	1312	4.40	11.00
Microcell5	328	1640	5.49	16.49
Microcell6	328	1968	6.59	23.08
Microcell7	328	2296	7.69	30.77
Microcell8	328	2624	8.79	39.56
Microcell9	328	2952	9.89	49.45
Microcell10	328	3280	10.98	60.43
Microcell11	328	3608	12.09	72.52
Microcell12	328	3936	13.19	85.71
Microcell13	328	4264	14.29	100.00

Ao implementar a solução do sistema microcelular, a capacidade de carga dos assinantes aumenta em 328sbscribers/Km² . Da Tabela 6.2, as cinco estações de base Macrocell podem suportar 6570subscribers/Km² cumulativamente, enquanto a capacidade de carga dos subscritores do sistema

Macrocell na implementação do sistema microcelular aumenta para 10834subscribers/Km^2 cumulativamente, como mostra a Tabela 6.7.

Quadro 6.7 Impacto da solução microcelular na capacidade dos assinantes Macrocell existentes

Macrocell/Microcell site	Subscriber/Km^2	Cumulative Subscriber/Km^2	%Distribution	% Cumulative Distribution
Macrocell1	1314	1314	0.97	0.97
Macrocell2	1314	2628	1.95	2.92
Macrocell3	1314	3942	2.92	5.84
Macrocell4	1314	5256	3.89	9.74
Macrocell5	1314	6570	4.87	14.60
Microcell1	328	6898	5.11	19.71
Microcell2	328	7226	5.35	25.06
Microcell3	328	7554	5.60	30.66
Microcell4	328	7882	5.84	36.50
Microcell5	328	8210	6.08	42.58
Microcell6	328	8538	6.33	48.91
Microcell7	328	8866	6.57	55.48
Microcell8	328	9194	6.81	62.29
Microcell9	328	9522	7.06	69.35
Microcell10	328	9850	7.30	76.65
Microcell11	328	10178	7.54	84.19
Microcell12	328	10506	7.78	91.97
Microcell13	328	10834	8.03	100.00

À medida que a região se torna mais povoada, uma microcélula pode ser facilmente implementada para aumentar ainda mais a capacidade de carga dos assinantes. Isto demonstra a relevância da utilização de microcélulas para aumentar a capacidade do sistema, bem como para melhorar a cobertura do sistema de comunicação celular. A figura 6.5 dá uma representação gráfica do aumento da capacidade em termos de assinantes por quilómetro quadrado resultante da implementação de sítios de microcélulas.

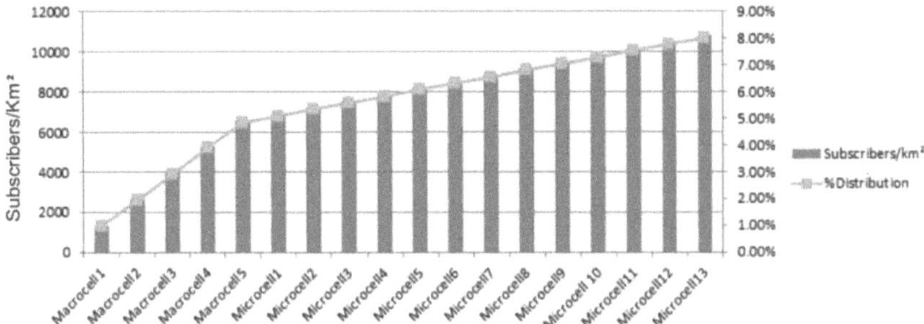

Fig. 6.5 Número de subscritores Histograma da solução microcelular

A cobertura do sistema após a implementação do sistema microcelular parece ter melhorado, como se pode ver na Tabela 6.8 e na Fig. 6.6, respectivamente. O melhor nível de sinal (0 a -70) dBm é visto como tendo aumentado para além de 72,7Km² cobertura de área para o sistema Macrocell, como mostra a Tabela 6.3 a 77,1Km² cobertura de área após a implementação da solução de microcelulas, como mostra a Tabela 6.8. O aumento da área de cobertura resultante é uma consequência da implementação dos sistemas de microcélulas.

Tabela 6.8 Cobertura por nível de sinal da solução microcelular

S/N	Signal Level (dBm)	Coverage/Km²	% Distribution	% Cumulative
1	0 to -70	77.1	42.64	42.64
2	-70 to -75	44.1	24.39	67.03
3	-75 to -80	26.3	14.55	81.58
4	-80 to -85	14.8	8.19	89.77
5	-85 to -90	9.5	5.25	95.02
6	-90 to -95	5.5	3.04	98.06
7	-95 to -100	2.8	1.55	99.61
8	-100 to -105	0.7	0.39	100.00

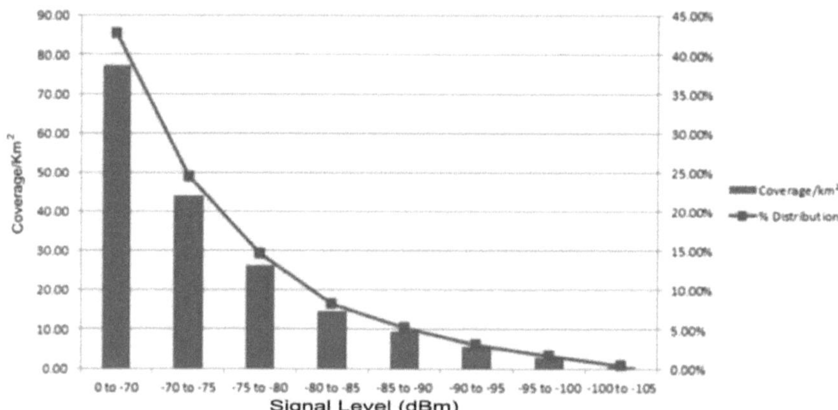

Fig. 6.6 Cobertura por nível de sinal Histograma para a solução microcelular

Tabela 6.9 Comparação entre a cobertura Macrocell e a cobertura de solução Microcellular

S/N	Signal Level (dBm)	MACROCELL Coverage/Km²	Microcell Solution Coverage/Km²
1	0 to -70	72.70	77.10
2	-70 to -75	43.70	44.10
3	-75 to -80	25.80	26.30
4	-80 to -85	14.70	14.80
5	-85 to -90	9.00	9.50
6	-90 to -95	4.80	5.50
7	-95 to -100	2.00	2.80
8	-100 to -105	0.50	0.70

Comparando a cobertura do sistema Macrocell modelado que consiste em cinco estações base com a da solução microcelular, verifica-se claramente na Tabela 6.9 que a área de cobertura aumentou de 72,70Cobertura/Km² para 77,10Cobertura/Km² para o melhor nível de sinal. Observa-se um aumento semelhante para os outros níveis de sinal. Conclui-se portanto que a implementação do sistema de microcélulas melhora a cobertura do sistema Macrocell.

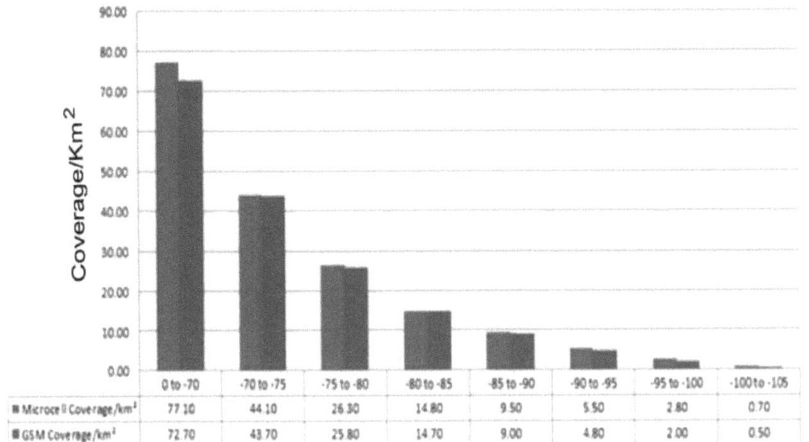

	0 to -70	-70 to -75	-75 to -80	-80 to -85	-85 to -90	-90 to -95	-95 to -100	-100 to -105
■ Microcell Coverage/km²	77.10	44.10	26.30	14.80	9.50	5.50	2.80	0.70
■ GSM Coverage/km²	72.70	43.70	25.80	14.70	9.00	4.80	2.00	0.50

Fig. 6.7 Comparando a cobertura por nível de sinal entre o sistema Macrocell e o sistema microcelular

Fig. 6.7 segue directamente da Tabela 6.9 comparando a cobertura do sistema Macrocell com a da solução do sistema microcelular. A cobertura parece ter melhorado com a implementação das microcélulas.

6. Conclusão

As globalizações das economias, a necessidade de oferecer serviços de qualidade e sobretudo satisfazer a procura dos assinantes em condições competitivas, têm um impacto único no sector das telecomunicações. A necessidade de satisfazer estas rápidas mudanças a curto prazo e a um custo competitivo em comparação com outras opções de serviços de telecomunicações, reforçou a utilização de sistemas de microcélulas. A aplicação do sistema de microcélulas não pode ser separada da de outros sistemas de telecomunicações, uma vez que estes funcionam em conjunto e são serviços complementares. Assim, a utilização de microcélulas tornou-se uma solução em locais com alta densidade de tráfego para alargar as comunicações de dados, voz, vídeo e fax onde é necessária uma transmissão rápida e fiável de grande quantidade de dados, voz e tráfego de vídeo e mais ainda para locais com fraca ou nenhuma cobertura de sinal. Conclui-se, portanto, que a utilização de microcélulas para melhorar a cobertura Macrocell não pode ser sobrevalorizada no desenvolvimento do sistema de comunicações celulares em locais com elevada procura por parte dos assinantes.

A partir do estudo da cobertura e optimização da capacidade utilizando microcélulas, o custo de aquisição da tecnologia é pequeno em comparação com as numerosas vantagens associadas à utilização de microcélulas. A cobertura e capacidade do sistema celular pode ser facilmente aumentada à medida que a procura do assinante aumenta através da utilização de microcélulas, o que torna o crescimento da solução microcelular compactável. Para investigação subsequente, a solução e opção mais imediata é a utilização de microcélulas (Small Cells) para melhorar a cobertura e capacidade de Macrocell. À medida que a procura de capacidade aumenta, as picocélulas e as femtocélulas poderiam ser utilizadas para a cobertura de interiores. É de notar que as picocélulas e as femtocélulas não podem substituir a utilização de microcélulas devido ao facto de os sistemas de microcélulas serem utilizados tanto para aplicações interiores como exteriores, enquanto que as femtocélulas e as picocélulas são estritamente utilizadas para aplicações interiores.

Referências

[1]   Sanjay Sharma, "Wireless & Cellular Communications", publicação S. K. Kataria & Sons, 2008

[2]   Marina Barbiroli, Claudia Carciofi, Paolo Grazioso, Doriana Guiducci, Chiara Zaniboni, "Analysis of macrocellular and microcellular coverage with attention to exposure levels" IEEE, 2008, pp. 1 - 5

[3]   Lucent Technologies Bell Labs Innovations, GSM Hierarchical Cell Structures, Maio de 1999

[4]   Xiaoxin Wu, Biswanath Mukherjee, Dipak Ghosal, "Hierarchical Architecture in the Thirdd- Generation Cellular Network", IEEE Wireless Communication, Junho de 2004, pp. 62 - 71.

[5]   Linda Doyle, "Uma visita a algumas redes celulares de sistemas de comunicações sem fios e móveis", Centro de Investigação de Valor-Chave de Telecomunicações

[6]   Nishith D. Tripathi, "Nortel Jeffrey H. Reed, Hugh F. Vanlandingham, Handoff in Cellular Systems", IEEE Personal Communication, Dezembro de 1998, pp. 26 - 37.

[7]   T-H Wu, E. Geraniotis, "Channel Holding Time Distribution in hybrid satellite and cellular communication", Centro de Satélites e Redes de Comunicações Híbridas

[8]   Krister Raith, Erik Lissakers, Jan Udderfeldt, Jan Swerup, "Cellular for Personal Communication" pp.1 - 11.

[9]   Magus Madfors, Kenneth Wallstedt, Sverker Magnusson, Hakan Olofsson, Per-Ola Backman, Stefan Engstrom, "High Capacity with Limited Spectrum in Cellular Systems", IEEE Communication Magazine, Agosto de 1997, pp. 38 - 45.

[10]   GTL, "GSM Fundamentals & RF," GTL-GSM RF 001

[11]   Dr. W. C. Y. Lee, "Smaller Cells for greater performance," IEEE Magazine, Novembro de 1991, pp. 19 - 23

[12]   Preeti Saini, Pooja Saini, "Handoff in Mobile Cellular Communication"

[13]   Ho-Shin Cho, Duck-Bin Im, Dan Keun Sung, "A highly efficient radio reuse scheme using tilted directional-beam antennas in urban microcellular systems" IEEE VTC, 1999, pp. 1356 - 1360

[14]   Liang Yong, "Arquitectura Celular com Padrão de Reutilização de Frequência mais do que um (sistema baseado em TDMA)".

[15]   Robin Coombs, Raymond Steele, "Introducing Microcells into Macrocellular Networks", IEEE transactions on Communications, Vol 47. No. 4, Abril de 1999, pp. 568 - 576

[16]   Ericson Radio System AB, "GSM BSC Operação e Manutenção," EN/LZT 123 3081 R2A

[17]   Ericson Radio Systems AB, "Cell Planning Principles," EN/LZT 123 3314 R3A, 1998

[18]   Somer Goksel, "Optimization and Log File Analysis in GSM," Jan 2003

[19]   Dan Dexter, "Mesa Erlang"

[20]   Ajay R. Mishra, "Fundamentals of Cellular Network Planning and Optimisation", John Wiley & Sons publicação, 2004

ACP	Automatic Cell Planning
AGCH	Access Grant Channel
BCH	Broadcast Control Channel
BER	Bit Error Rate
BTS	Base Transceiver Station
CCH	Control Channel
CCCH	Common Control Channel
DCCH	Dedicated Control Channel
EIRP	Effective Isotropic Radiated Power
FACH	Fast Associated Control Channel
FCCH	Frequency Control Channel
FER	Frame Erasure Rate
FR	Full Rate
GPS	Global Positioning System
GSM	Global System for Mobile Communication
HR	Half Rate
MS	Mobile Station
NCS1	Number of Channels in Sector 1
NSBTS	Number of Subscribers per BTS
NTCHBTS	Number of Traffic Channels in the BTS
NTCHS1	Number of Traffic Channels utilized in sector1
NTCHS2	Number of Traffic Channels utilized in sector 2
NTCHS3	Number of Traffic Channels utilized in sector 3
PCH	Paging Channel
RACH	Random Access Channel
Rf	Radio frequency
RxLev	Receive Signal Level
RxQual	Receive Signal Quality
SACCH	Slow Associated Control Channel
SCH	Synchronization Channel

SDCCH	Stand – alone Dedicated Channel
SQI	Speech Quality Index
TCH	Traffic Channel
TDMA	Time Division Multiple Access
TEMS	TEst Mobile System
TRX	Transceiver
USB	Universal Serial Bus
UTM	Universal Tranverse Mercator
WGS	World Geodetic System

Erlang A Tabela [19]

NO OF TRAFFIC CHANNELS	GRADE OF SERVICE (GoS) IN [%] OR BLOCKING PROBABILITY IN [%]											
	0.01 (%)	0.05 (%)	0.1 (%)	0.5 (%)	1 (%)	2 (%)	5 (%)	10 (%)	15 (%)	20 (%)	30 (%)	40 (%)
1	0.0001	0.0005	0.001	0.005	0.0101	**0.0204**	0.0526	0.1111	0.1765	0.25	0.4286	0.6667
2	0.0142	0.0321	0.0458	0.1054	0.1526	**0.2235**	0.3813	0.5954	0.7962	1	1.449	2
3	0.0868	0.1517	0.1938	0.349	0.4555	**0.6022**	0.8994	1.271	1.603	1.93	2.633	3.48
4	0.2347	0.3624	0.4393	0.7012	0.8694	**1.092**	1.525	2.045	2.501	2.945	3.891	5.021
5	0.452	0.6486	0.7621	1.132	1.361	**1.657**	2.219	2.881	3.454	4.01	5.189	6.596
6	0.7282	0.9957	1.146	1.622	1.909	**2.276**	2.96	3.758	4.445	5.109	6.514	8.191
7	1.054	1.392	1.579	2.158	2.501	**2.935**	3.738	4.666	5.461	6.23	7.856	9.8
8	1.422	1.83	2.051	2.73	3.128	**3.627**	4.543	5.597	6.498	7.369	9.213	11.42
9	1.826	2.302	2.558	3.333	3.783	**4.345**	5.37	6.546	7.551	8.522	10.58	13.05
10	2.26	2.803	3.092	3.961	4.461	**5.084**	6.216	7.511	8.616	9.685	11.95	14.68
11	2.722	3.329	3.651	4.61	5.16	**5.842**	7.076	8.487	9.691	10.86	13.33	16.31
12	3.207	3.878	4.231	5.279	5.876	**6.615**	7.95	9.474	10.78	12.04	14.72	17.95
13	3.713	4.447	4.831	5.964	6.607	**7.402**	8.835	10.47	11.87	13.22	16.11	19.6
14	4.239	5.032	5.446	6.663	7.352	**8.2003**	9.73	11.47	12.97	14.41	17.5	21.24
15	4.781	5.634	6.077	7.376	8.108	**9.01**	10.63	12.48	14.07	15.61	18.9	22.89
16	5.339	6.25	6.722	8.1	8.875	**9.828**	11.54	13.5	15.18	16.81	20.3	24.54
17	5.911	6.878	7.378	8.834	9.652	**10.66**	12.46	14.52	16.29	18.01	21.7	26.19
18	6.496	7.519	8.046	9.578	10.44	**11.49**	13.39	15.55	17.41	19.22	23.1	27.84
19	7.093	8.17	8.724	10.33	11.23	**12.33**	14.32	16.58	18.53	20.42	24.51	29.5
20	7.701	8.831	9.412	11.09	12.03	**13.18**	15.25	17.61	19.65	21.64	25.92	31.15

21	8.319	9.501	10.11	11.86	12.84	**14.04**	16.19	18.65	20.77	22.85	27.33	32.81
22	8.946	10.18	10.81	12.64	13.65	**14.9**	17.13	19.69	21.9	24.06	28.74	34.46
23	9.583	10.87	11.52	13.42	14.47	**15.76**	18.08	20.74	23.03	25.28	30.15	36.12
24	10.23	11.56	12.24	14.2	15.3	**16.63**	19.03	21.78	24.16	26.5	31.56	37.78
25	10.88	12.26	12.97	15	16.13	**17.51**	19.99	22.83	25.3	27.72	32.97	39.44
26	11.54	12.97	13.7	15.8	16.96	**18.38**	20.94	23.89	26.43	28.94	34.39	41.1
27	12.21	13.69	14.44	16.6	17.8	**19.27**	21.9	24.94	27.57	30.16	35.8	42.76
28	12.88	14.41	15.18	17.41	18.64	**20.15**	22.87	26	28.71	31.39	37.21	44.41
29	13.56	15.13	15.93	18.22	19.49	**21.04**	23.83	27.05	29.85	32.61	38.63	46.07
30	14.25	15.86	16.68	19.03	20.34	**21.93**	24.8	28.11	31	33.84	40.05	47.74
31	14.94	16.6	17.44	19.85	21.19	**22.83**	25.77	29.17	32.14	35.07	41.46	49.4
32	15.63	17.34	18.21	20.68	22.05	**23.73**	26.75	30.24	33.28	36.3	42.88	51.06
33	16.34	18.09	18.97	21.51	22.91	**24.63**	27.72	31.3	34.43	37.52	44.3	52.72
34	17.04	18.84	19.74	22.34	23.77	**25.53**	28.7	32.37	35.58	38.75	45.72	54.38
35	17.75	19.59	20.52	23.17	24.64	**26.44**	29.68	33.43	36.72	39.99	47.14	56.04
36	18.47	20.35	21.3	24.01	25.51	**27.34**	30.66	34.5	37.87	41.22	48.56	57.7
37	19.19	21.11	22.08	24.85	26.38	**28.25**	31.64	35.57	39.02	42.45	49.98	59.37
38	19.91	21.87	22.86	25.69	27.25	**29.17**	32.62	36.64	40.17	43.68	51.4	61.03
39	20.64	22.64	23.65	26.53	28.13	**30.08**	33.61	37.72	41.32	44.91	52.82	62.69
40	21.37	23.41	24.44	27.38	29.01	**31**	34.6	38.79	42.48	46.15	54.24	64.35
41	22.11	24.19	25.24	28.23	29.89	**31.92**	35.58	39.86	43.63	47.38	55.66	66.02
42	22.85	24.97	26.04	29.09	30.77	**32.84**	36.57	40.94	44.78	48.62	57.08	67.68
43	23.59	25.75	26.84	29.94	31.66	**33.76**	37.57	42.01	45.94	49.85	58.5	69.34
44	24.33	26.53	27.64	30.8	32.54	**34.68**	38.56	43.09	47.09	51.09	59.92	71.01
45	25.08	27.32	28.45	31.66	33.43	**35.61**	39.55	44.17	48.25	52.32	61.35	72.67
46	25.83	28.11	29.26	32.52	34.32	**36.53**	40.55	45.24	49.4	53.56	62.77	74.33

47	26.59	28.9	30.07	33.38	35.22	**37.46**	41.54	46.32	50.56	54.8	64.19	76
48	27.34	29.7	30.88	34.25	36.11	**38.39**	42.54	47.4	51.71	56.03	65.61	77.66
49	28.1	30.49	31.69	35.11	37	**39.32**	43.53	48.48	52.87	57.27	67.04	79.32
50	28.87	31.29	32.51	35.98	37.9	**40.26**	44.53	49.56	54.03	58.51	68.46	80.99
51	29.63	32.09	33.33	36.85	38.8	**41.19**	45.53	50.64	55.19	59.75	69.88	82.65
52	30.4	32.9	34.15	37.72	39.7	**42.12**	46.53	51.73	56.35	60.99	71.31	84.32
53	31.17	33.7	34.98	38.6	40.6	**43.06**	47.53	52.81	57.5	62.22	72.73	85.98
54	31.94	34.51	35.8	39.47	41.51	**44**	48.54	53.89	58.66	63.46	74.15	87.65
55	32.72	35.32	36.63	40.35	42.41	**44.94**	49.54	54.98	59.82	64.7	75.58	89.31
56	33.49	36.13	37.46	41.23	43.32	**45.88**	50.54	56.06	60.98	65.94	77	90.97
57	34.27	36.95	38.29	42.11	44.22	**46.82**	51.55	57.14	62.14	67.18	78.43	92.64
58	35.05	37.76	39.12	42.99	45.13	**47.76**	52.55	58.23	63.31	68.42	79.85	94.3
59	35.84	38.58	39.96	43.87	46.04	**48.7**	53.56	59.32	64.47	69.66	81.27	95.97
60	36.62	39.4	40.8	44.76	46.95	**49.64**	54.57	60.4	65.63	70.9	82.7	97.63
61	37.41	40.22	41.63	45.64	47.86	**50.59**	55.57	61.49	66.79	72.14	84.12	99.3
62	38.2	41.05	42.47	46.53	48.77	**51.53**	56.58	62.58	67.95	73.38	85.55	101
63	38.99	41.87	43.31	47.42	49.69	**52.48**	57.59	63.66	69.11	74.63	86.97	102.6
64	39.78	42.7	44.16	48.31	50.6	**53.43**	58.6	64.75	70.28	75.87	88.4	104.3
65	40.58	43.52	45	49.2	51.52	**54.38**	59.61	65.84	71.44	77.11	89.82	106
66	41.38	44.35	45.85	50.09	52.44	**55.33**	60.62	66.93	72.6	78.35	91.25	107.6
67	42.17	45.18	46.69	50.98	53.35	**56.28**	61.63	68.02	73.77	79.59	92.67	109.3
68	42.97	46.02	47.54	51.87	54.27	**57.23**	62.64	69.11	74.93	80.83	94.1	111
69	43.77	46.85	48.39	52.77	55.19	**58.18**	63.65	70.2	76.09	82.08	95.52	112.6
70	44.58	47.68	49.24	53.66	56.11	**59.13**	64.67	71.29	77.26	83.32	96.95	114.3
71	45.38	48.52	50.09	54.56	57.03	**60.08**	65.68	72.38	78.42	84.56	98.37	116
72	46.19	49.36	50.94	55.46	57.96	**61.04**	66.69	73.47	79.59	85.8	99.8	117.6

73	47	50.2	51.8	56.35	58.88	**61.99**	67.71	74.56	80.75	87.05	101.2	119.3
74	47.81	51.04	52.65	57.25	59.8	**62.95**	68.72	75.65	81.92	88.29	102.7	120.9
75	48.62	51.88	53.51	58.15	60.73	**63.9**	69.74	76.74	83.08	89.53	104.1	122.6
76	49.43	52.72	54.37	59.05	61.65	**64.86**	70.75	77.83	84.25	90.78	105.5	124.3
77	50.24	53.56	55.23	59.96	62.58	**65.81**	71.77	78.93	85.41	92.02	106.9	125.9
78	51.05	54.41	56.09	60.86	63.51	**66.77**	72.79	80.02	86.58	93.26	108.4	127.6
79	51.87	55.25	56.95	61.76	64.43	**67.73**	73.8	81.11	87.74	94.51	109.8	129.3
80	52.69	56.1	57.81	62.67	65.36	**68.69**	74.82	82.2	88.91	95.75	111.2	130.9
81	53.51	56.95	58.67	63.57	66.29	**69.65**	75.84	83.3	90.08	96.99	112.6	132.6
82	54.33	57.8	59.54	64.48	67.22	**70.61**	76.86	84.39	91.24	98.24	114.1	134.3
83	55.15	58.65	60.4	65.39	68.15	**71.57**	77.87	85.48	92.41	99.48	115.5	135.9
84	55.97	59.5	61.27	66.29	69.08	**72.53**	78.89	86.58	93.58	100.7	116.9	137.6
85	56.79	60.35	62.14	67.2	70.02	**73.49**	79.91	87.67	94.74	102	118.3	139.3
86	57.62	61.21	63	68.11	70.95	**74.45**	80.93	88.77	95.91	103.2	119.8	140.9
87	58.44	62.06	63.87	69.02	71.88	**75.42**	81.95	89.86	97.08	104.5	121.2	142.6
88	59.27	62.92	64.74	69.93	72.82	**76.38**	82.97	90.96	98.25	105.7	122.6	144.3
89	60.1	63.77	65.61	70.84	73.75	**77.34**	83.99	92.05	99.41	107	124	145.9
90	60.92	64.63	66.48	71.76	74.68	**78.31**	85.01	93.15	100.6	108.2	125.5	147.6
91	61.75	65.49	67.36	72.67	75.62	**79.27**	86.04	94.24	101.8	109.4	126.9	149.3
92	62.58	66.35	68.23	73.58	76.56	**80.24**	87.06	95.34	102.9	110.7	128.3	150.9
93	63.42	67.21	69.1	74.5	77.49	**81.2**	88.08	96.43	104.1	111.9	129.8	152.6
94	64.25	68.07	69.98	75.41	78.43	**82.17**	89.1	97.53	105.3	113.2	131.2	154.3
95	65.08	68.93	70.85	76.33	79.37	**83.13**	90.12	98.63	106.4	114.4	132.6	155.9
96	65.92	69.79	71.73	77.24	80.31	**84.1**	91.15	99.72	107.6	115.7	134	157.6
97	66.75	70.65	72.61	78.16	81.25	**85.07**	92.17	100.8	108.8	116.9	135.5	159.3
98	67.59	71.52	73.48	79.07	82.18	**86.04**	93.19	101.9	109.9	118.2	136.9	160.9
99	68.43	72.38	74.36	79.99	83.12	**87**	94.22	103	111.1	119.4	138.3	162.6
100	69.27	73.25	75.24	80.91	84.06	**87.97**	95.24	104.1	112.3	120.6	139.7	164.3

Apêndice B

Canais de controlo [20]

CONTROL CHANNEL	ACRONYM	APPLICATION
Broadcast Control Channel (Downlink)	BCCH	<ul><li>Carries system information in the idle mode</li><li>Dissemination of general information</li><li>Signal measurement for handoff</li></ul>
Synchronization Channel (Downlink)	SCH	<ul><li>Used by the mobile to achieve time synchronization with the BTS</li><li>Synchronization of Mobile Stations</li></ul>
Frequency Control Channel (Downlink)	FCCH	<ul><li>Used by the mobile to achieve frequency synchronization with the BTS</li><li>Broadcast of synchronization signals by BTS</li></ul>
Random Access Channel (Uplink)	RACH	<ul><li>Used by the mobile to access BTS for call establishment or to perform location update</li><li>Resources made by Mobile Station</li></ul>
Paging Channel (Downlink)	PCH	<ul><li>Used to page the mobile in the case of an incoming call or message</li><li>Used by the BTS to page the MS for an incoming call</li></ul>
Access Grant Channel (Downlink)	AGCH	<ul><li>Allocation of channels to the mobile for dedicated operations. (Resource allocation)</li></ul>
		<ul><li>Used for the implementation of acknowledgement from the BTS to MS after a successful attempt by the MS using RACH</li></ul>
Stand – alone Dedicated Control Channel (Uplink/Downlink)	SDCCH	<ul><li>Signaling channel used during call setup. It carries information concerning authentication, ciphering and channel assignment</li><li>Used to transfer network control information for call establishment and mobility management</li><li>For user network signaling</li></ul>

Slow Associated Control Channel (Downlink/Uplink)	SACCH	<ul><li>A low rate signaling channel used for radio measurement</li><li>Used to exchange radio parameters between BTS and MS to maintain the link</li></ul>
Fast Associated Control Channel (Downlink/Uplink)	FACCH	<ul><li>A high rate signaling channel used for subscriber authentication and handover.</li><li>Used to support fast transitions in channel when SACCH is not adequate</li><li>For user network signaling.</li></ul>

I want morebooks!

Buy your books fast and straightforward online - at one of world's fastest growing online book stores! Environmentally sound due to Print-on-Demand technologies.

Buy your books online at
www.morebooks.shop

Compre os seus livros mais rápido e diretamente na internet, em uma das livrarias on-line com o maior crescimento no mundo! Produção que protege o meio ambiente através das tecnologias de impressão sob demanda.

Compre os seus livros on-line em
www.morebooks.shop

Printed by Books on Demand GmbH, Norderstedt / Germany